高校物理基礎サブノート

もくじ＆チェック

思考力・判断力・表現力等が必要な問題であることを示しています。

Contents & Check

1 中学校の復習

✓ 重要事項マスター

1 物体の運動　次の(　)に適当な語句を入れよ。

(1)　物体の速さとは，$\dfrac{(^{1}\qquad\qquad)}{(^{2}\qquad\qquad)}$で求めることができる。速さの単位には，(3　　　　　)や(4　　　　　)などがある。

(2)　一直線上を同じ向きに一定の速さで進む運動を(5　　　　　)という。

2 力　次の(　)に適当な語句を入れよ。

(1)　力には，物体を(1　　　　　)させるはたらきと，物体の(2　　　　　)の状態を変化させるはたらきがある。

(2)　力の大きさの単位は，(3　　　　　)である。

(3)　2つの力と同じはたらきをする1つの力を2力の(4　　　　　)という。

(4)　2力のつりあいの条件は，2力が一直線上にあり，大きさが(5　　　　　)，向きが(6　　　　　)である。

3 仕事とエネルギー　次の(　)に適当な語句を入れよ。

(1)　物体に力を加えて，その力の向きに物体を動かしたとき，力は物体に(1　　　　　)をしたという。

(2)　仕事の単位は(2　　　　　)である。

(3)　物体が外部に対して(1　)ができる場合，その物体は(3　　　　　)をもっている。

(4)　物体のもつ(4　　　　　)エネルギーと(5　　　　　)エネルギーの和を力学的エネルギーという。

4 **回路と電流・電圧** 次の(　)に適当な語句を入れよ。

(1) 回路記号で ─┤├─ は(1　　　　　　)を表し，─□─ は(2　　　　　　)を表す。

(2) 抵抗に流れる電流をはかる場合，電流計は抵抗に対して(3　　　　　　)に接続する。

(3) 抵抗に加わる電圧をはかる場合，電圧計は抵抗に対して(4　　　　　　)に接続する。

(4) 抵抗 R〔Ω〕に流れる電流 I〔A〕と加わる電圧 V〔V〕の関係は $V=$(5　　　　　　)である。この関係を(6　　　　　　)の法則という。

(5) 抵抗に電流を流すと発熱する。発熱量は電流の大きさ，電圧の大きさ，(7　　　　　　)に比例する。

5 **電流と磁場** 次の(　)に適当な語句を入れよ。

(1) 電流のまわりには(1　　　　　　)が生じている。

(2) コイルと検流計からなる回路があり，コイルに磁石を近づけると検流計の針が動く。この現象を(2　　　　　　)という。このときに，回路には電流が流れており，これを(3　　　　　　)という。

(3) 向きと大きさが一定の電気のことを(4　　　　　　)，向きと大きさがつねに変化する電気のことを(5　　　　　　)という。

(4) 交流の 1 s あたりの振動の回数を周波数といい，単位は(6　　　　　　)である。

6 **直角三角形の辺の比** 次の(　　)に適当な数値を入れよ。

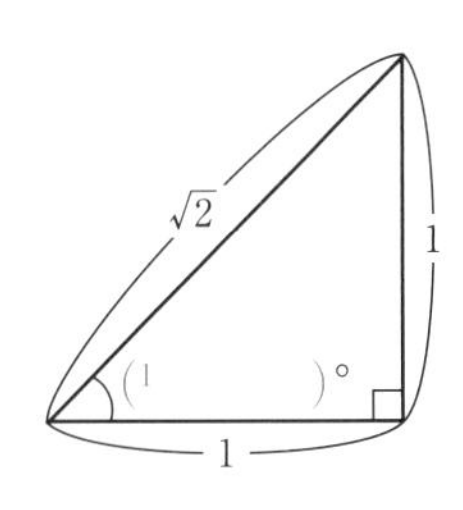

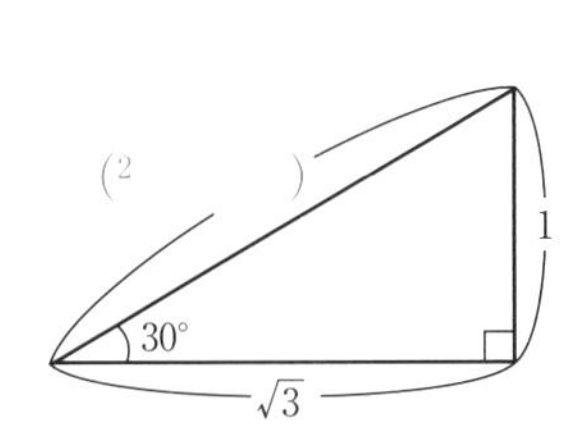

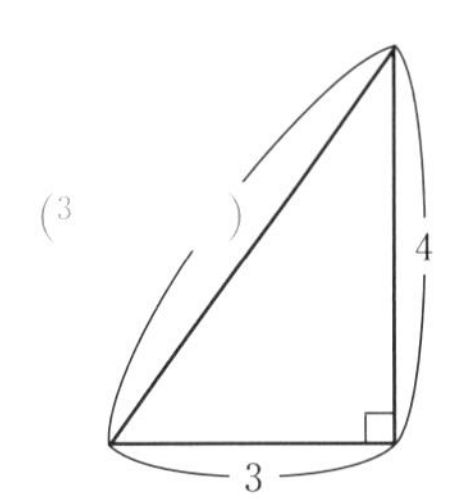

2 運動の表し方

✓ 重要事項マスター

1 速さと等速直線運動　次の(　　)に適当な語句を入れよ。

(1)　物体が単位時間(1秒，1時間など)あたりに移動した距離を(1　　　　)という。

速さは移動距離をかかった時間で割ればよく，次のように表される。

$$速さ = \frac{(^{2}\qquad)}{(^{3}\qquad)}$$

距離の単位をメートル(記号 m)，時間の単位を秒(記号 s)とすると，速さの単位は記号 m/s，読み方(4　　　　　　　)である。

(2)　物体が一直線上を一定の速さで進むとき，この運動を(5　　　　　　　　　)という。

2 $x-t$ グラフと $v-t$ グラフ　次の(　　)に適当な語句を入れよ。

時刻 $t=0$ で原点($x=0$)にある物体が，一直線上を一定の速さで進むとき，

①物体の位置と時刻を表すグラフ($x-t$ グラフ)は(1　　　　)を通り，一定の(2　　　　)の直線になる。(2　)の大きさは物体の(3　　　　)を表している。

②物体の速さと時刻を表すグラフ($v-t$ グラフ)は横軸(t 軸)に(4　　　　)な直線となる。

$v-t$ グラフの囲む面積は，その時刻での物体の(5　　　　　)を表している。

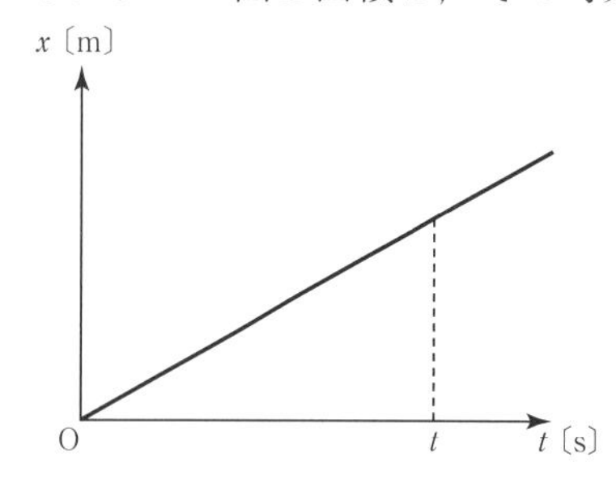

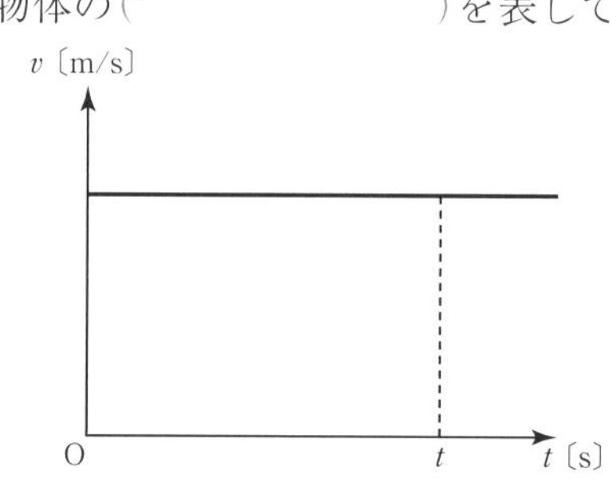

3 速度と変位　次の(　　)に適当な語句を入れよ。

(1)　速さに運動の向きまで考慮した量を(1　　　　　)とよぶ。一直線上を運動する物体が負の向きに動く場合は，(1　)を(2　　)の符号を用いて表すことができる。

(2)　物体の位置を表すために座標を用いる。座標の値は，原点とした点からどちら向きにどれだけ離れているかを表し，向きは正，負の符号で表す。物体のはじめの位置Aとあとの位置Bとの変化を表す量を(3　　　　)といい，速度などと同じように向きを正，負の符号で表す。移動の途中で運動の向きが変化する場合，(3　　　　)は，物体が実際に移動した道のり(実際の移動距離)とは異なる。

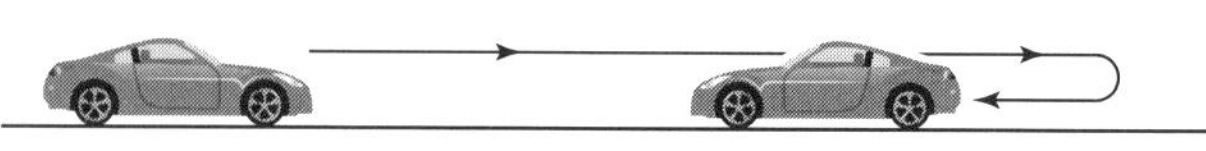

(3)　t〔s〕間の物体の変位が x〔m〕のとき，物体の速度 v〔m/s〕は，次のように表される。

$$v = \frac{(^{4}\qquad)}{(^{5}\qquad)}$$

Exercise

1 **速さと等速直線運動** 次の各問いに答えよ。

電車が 72 km/h の一定の速さで進んでいる。

(1) 20 分間で進む距離はいくらか。

(2) この電車の速さの単位を，メートル毎秒(m/s)になおせ。

(3) 10 km 進むのには何秒かかるか。また，それは何分何秒か。

2 **x－t グラフと v－t グラフ** 次の各問いに答えよ。

右の図は一直線上を運動している物体の x－t グラフである。

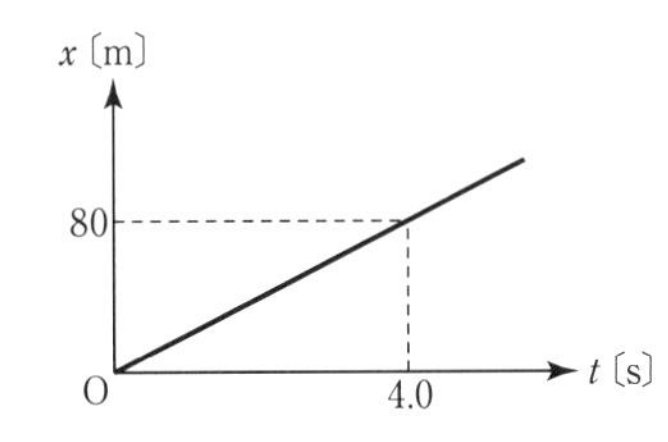

(1) 0 s～ 4.0 s までの物体の速さはいくらか。

(2) 0 s～ 4.0 s までの v－t グラフをかけ。

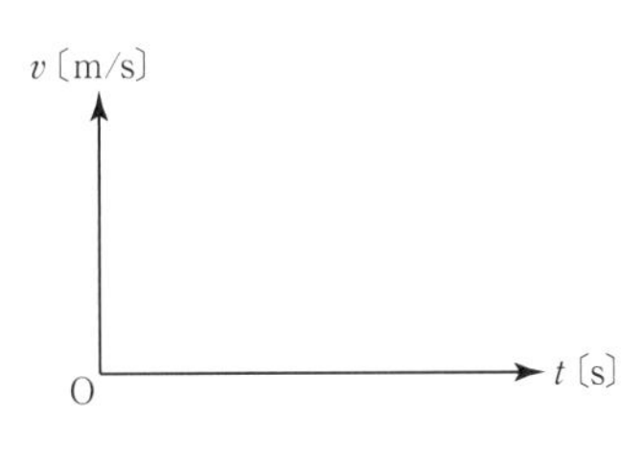

(3) x－t グラフや v－t グラフの様子から，この物体はどのような運動をしているか。

3 **速度と変位** 次の各問いに答えよ。ただし，右向きを正の向きとする。

図のように一直線上に学校と駅と自宅が並んでいる。

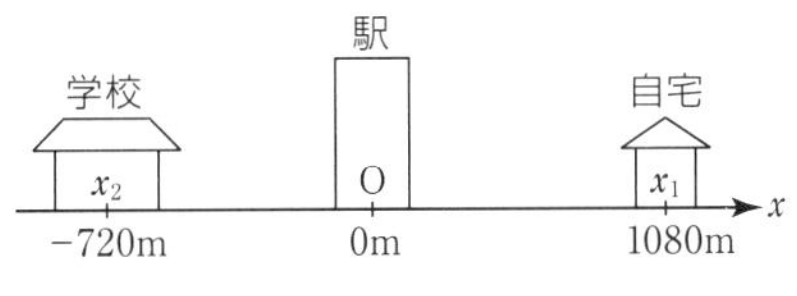

(1) 自宅から学校へ 20 分で移動したときの変位はいくらか。また，速度はいくらか。

(2) 駅から出発し，学校へ行き，その後，自宅へ帰った。このときの変位はいくらか。また，道のり(全体の移動距離)はいくらか。

アドバイス

◂◂◂ km/h は 1 時間で進む距離(時速)の単位。

◂◂◂ (1) 1 h＝60 分
$x = vt$ を用いる。

◂◂◂ (2) 1 km＝1000 m,
1 h＝3600 s

◂◂◂ (3) $v = \frac{x}{t}$ を変形し，
$t = \frac{x}{v}$ を用いる。

◂◂◂ (1) $v = \frac{x}{t}$

◂◂◂ (2) x－t グラフが傾き一定の直線なので，物体の速さは一定であるとわかる。

◂◂◂ (1) 変位は向きをもっているので，一直線上の移動では，向きを＋，－で表す。
自宅 x_1 から学校 x_2 へ移動したときの変位 x は，
$x = x_2 - x_1$
速度 v は，
$v = \frac{x}{t}$

◂◂◂ (2) 変位は，はじめと終わりの座標に注目する。

3 速度の合成と相対速度

✓ 重要事項マスター

1 速度の合成　次の(　)に適当な語句を入れよ。

速度は向きと大きさをもつベクトルで，合成することができる。合成した速度を
(1　　　　　)という。下図(a)のように2つの速度が一直線上で同じ向きのとき，合成した速度の大きさは矢印を継ぎ足した長さとなる。下図(b)のように2つの速度が一直線上で逆向きのとき，合成した速度の大きさは矢印の差分の長さとなる。

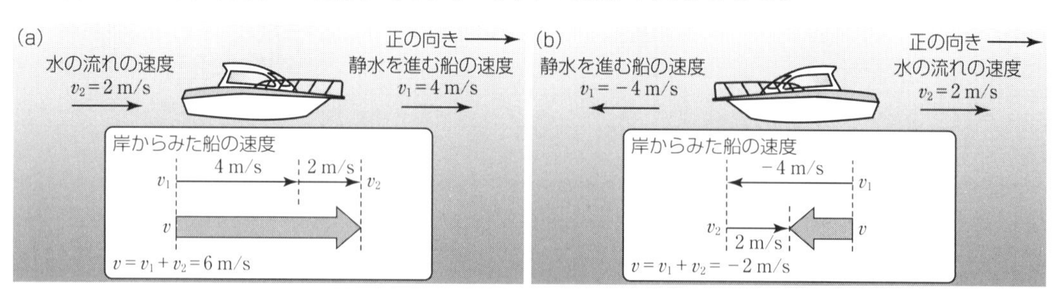

2 相対速度　次の(　)に適当な語句，速さ，式を入れよ。

(1)　運動する2つの物体A，Bがあるとき，Aから見たBの速度のことを，Aに対するBの(1　　　　　)という。東向きに速さ10 km/hで進む車Aから，東向きに速さ20 km/hで進む車Bを見た，Aに対するBの(1　)は(2　　)向きに速さ(3　　　　　)である。

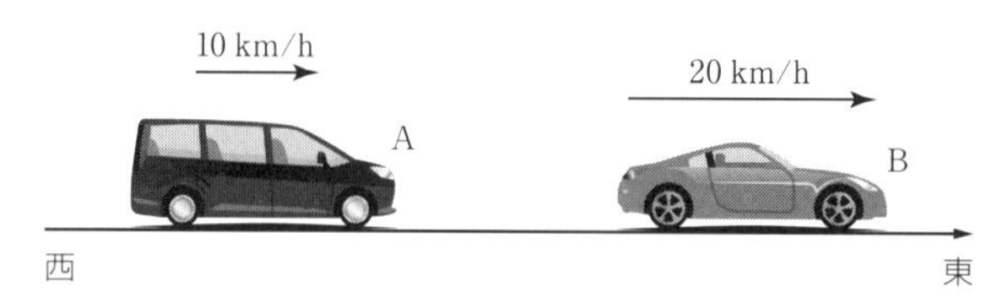

(2)　東向きに速さ10 km/hで進む車Aから，西向きに速さ20 km/hで進む車Bを見た，Aに対するBの(1　)は(4　　)向きに速さ(5　　　　　)である。

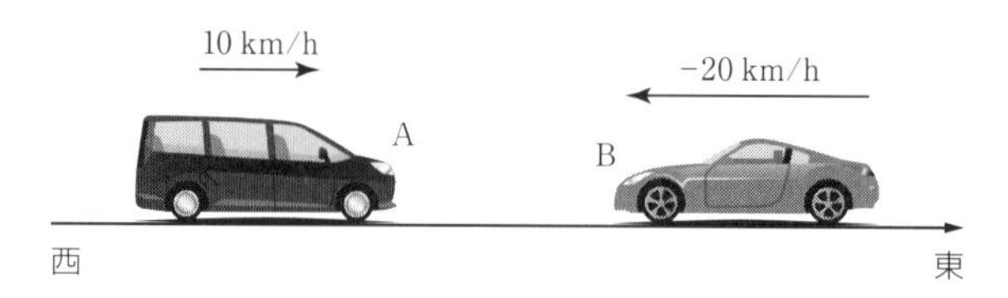

(3)　速度v_A〔m/s〕で運動する観測者Aと速度v_B〔m/s〕で運動する物体Bがある。観測者Aから見た物体Bの速度v_{AB}〔m/s〕は，次のように表される。

v_{AB} = (6　　　　　　　　)

v_{AB}をAに対するBの相対速度という。

Exercise

1 速度の合成 次の各問いに答えよ。

速さ 0.70 m/s で動く歩道の上を人が歩いている。歩道の動く向きを正の向きとして，静止している人から見た動く歩道上を歩く人の合成速度を答えよ。

(1) 人が動く歩道と同じ向きに速さ 1.5 m/s で歩くとき

(2) 人が動く歩道と逆向きに速さ 1.0 m/s で歩くとき

2 相対速度 東西に延びる2本並んだ線路の上を速さ 20 m/s で進む列車 A と 16 m/s で進む列車 B について，次の問いに答えよ。

(1) 列車 A と B がともに東向きに進んでいるとき，B に対する A の相対速度はいくらか。

(2) 列車 A が東向きに，列車 B が西向きに進んでいるとき，B に対する A の相対速度はいくらか。

アドバイス

◂◂◂ 1 (1) 速度の矢印を継ぎたす。

◂◂◂ 1 (2) 逆向きの場合は，速度はマイナス(負)である。

◂◂◂ 2 A に対するBの相対速度 v_{AB} は $v_{AB}=v_B-v_A$ で求められる。
v_A，v_B には向きを考えて，正負の符号をつけて代入する。
(1) $v_{BA}=v_A-v_B$ を用いる。東向きを正の向きとすると，v_A，v_B のどちらも正の符号がつく。

◂◂◂ 2 (2) $v_{BA}=v_A-v_B$
東向きを正の向きとすると，v_B には負の符号がつく。

4 加速度

✓ 重要事項マスター

1 加速度　次の(　　)に適当な語句，式を入れよ。

(1)　時刻とともに物体の速度が変化する場合，速度の変化の割合を表すために，(1秒，1時間などの)([1]　　　　)あたりの速度の変化量を考える。これを([2]　　　　)という。

(2)　時刻 t_1〔s〕，t_2〔s〕における速度をそれぞれ v_1〔m/s〕，v_2〔m/s〕とすると，加速度 a は右のように表される。

$$a = \frac{(^3\qquad\qquad)}{(^4\qquad\qquad)}$$

(3)　加速度の単位は，記号([5]　　　　)，読み方([6]　　　　　　　)となる。

2 加速度の正負　次の文中の(　　)に正と負，どちらかの語を正しく入れよ。

一直線上を加速度運動している物体の加速度の値は，正の値をもつ場合と負の値をもつ場合がある。東向きを正とする。

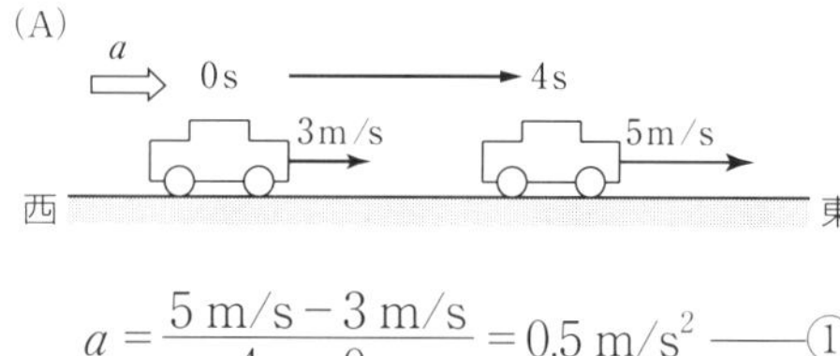

$$a = \frac{5\ \mathrm{m/s} - 3\ \mathrm{m/s}}{4\ \mathrm{s} - 0\ \mathrm{s}} = 0.5\ \mathrm{m/s^2} \text{ ——①}$$

(B)

$$a = \frac{3\ \mathrm{m/s} - 5\ \mathrm{m/s}}{4\ \mathrm{s} - 0\ \mathrm{s}} = -0.5\ \mathrm{m/s^2} \text{ ——②}$$

(C)

$$a = \frac{(-5\ \mathrm{m/s}) - (-3\ \mathrm{m/s})}{4\ \mathrm{s} - 0\ \mathrm{s}} = -0.5\ \mathrm{m/s^2} \text{ ——③}$$

(D)

$$a = \frac{(-3\ \mathrm{m/s}) - (-5\ \mathrm{m/s})}{4\ \mathrm{s} - 0\ \mathrm{s}} = 0.5\ \mathrm{m/s^2} \text{ ——④}$$

(1)　図(A)，(B)のように物体が一直線上を正の向きに進んでいる場合，はじめの速度の符号は([1]　　)である。

図(A)のように加速をすると，あとの速度の符号は([2]　　)で大きくなっている。加速度を求める式①より，このときの加速度の符号は([3]　　)になる。

図(B)のように減速をすると，あとの速度の符号は([4]　　)で小さくなっている。加速度を求める式②より，このときの加速度の符号は([5]　　)になる。

(2)　図(C)，(D)のように物体が一直線上を負の向きに進んでいる場合，はじめの速度の符号は([6]　　)である。

図(C)のように加速をすると，あとの速度の符号は([7]　　)で大きくなっている。加速度を求める式③より，このときの加速度の符号は([8]　　)になる。

図(D)のように減速をすると，あとの速度の符号は([9]　　)で小さくなっている。加速度を求める式④より，このときの加速度の符号は([10]　　)になる。

Exercise

1 **加速度** 次の問いに答えよ。
一直線上を 10.0 m/s の速度で進んでいた自動車が加速して，5.0 s 後に 16.0 m/s の速度になった。このときの加速度の大きさはいくらか。

2 **加速度の正負** 次の各問いに答えよ。ただし，はじめの速度の向きを正の向きとする。

(1) 一直線上を 20 m/s の速度で進んでいた自動車が一定の割合で減速し，2.0 s 後に 5.0 m/s の速度になった。このときの加速度はいくらか。

(2) 一直線上を一定の加速度で進む物体がある。はじめの速度が 4.0 m/s のとき，次の場合の物体の加速度を答えよ。

① この物体が 2.0 s 後に 10.0 m/s で進んでいた。

② この物体が 4.0 s 後に －2.0 m/s で進んでいた。

3 **加速度** 静止している自動車 A が右向きの一定の加速度 4.0 m/s² で動きだし，同時に右向きに 8.0 m/s で進んでいた自動車 B が右向きの一定の加速度 3.0 m/s² で加速した。

(1) A，B の加速し始めてからの速度を表す次の表を完成させよ。

時刻〔s〕	0	1.0	2.0	3.0	4.0
A の速度〔m/s〕	0				
B の速度〔m/s〕	8.0				

(2) どちらの自動車が先に速度 30 m/s に達するか。

アドバイス

◀◀◀ $a = \dfrac{v_2 - v_1}{t_2 - t_1}$
はじめの速度 10.0 m/s は，正の符号が省略されている。正の符号は省略されることが多い。

◀◀◀ (1)加速度の値の正，負で向きを表す。

◀◀◀ (2)②速度の符号が負のときは，はじめと逆向きに進んでいる。

◀◀◀ 加速度が 4.0 m/s² とは，1 s 間に正の向きに速度が 4.0 m/s 増加するということである。
この問題では，右向きを正の向きと考える。

◀◀◀ (2) 加速度の式
$a = \dfrac{v_2 - v_1}{t_2 - t_1}$ を変形して，30 m/s に達する時刻を求める。
$v - t$ グラフを描いて考えてもよい。

5 等加速度直線運動

✓ 重要事項マスター

1 速度の式 次の(　　)に適当な語句，式を入れよ。

(1) 時刻 $t=0\,\mathrm{s}$ のときの速度を初速度という。一定の加速度 a〔m/s^2〕で運動している物体の初速度を v_0〔m/s〕とすると，時刻 t〔s〕のときの速度 v〔m/s〕は，次のように表される。

$v=$ ([1]　　　　　　　　)

(2) 速度と時刻のグラフは，加速度が正の場合は，右上がりの直線になり，加速度が負の場合は，([2]　　　　)の直線になる。

2 変位の式と速度のグラフ 次の(　　)に適当な語句，式を入れ，｛　　｝からは適当な語句を選べ。

(1) 一定の加速度 a〔m/s^2〕で運動している物体の時刻 $t=0\,\mathrm{s}$ のときの速度を v_0〔m/s〕，位置を $x=0\,\mathrm{m}$ とすると，時刻 t〔s〕のときの変位 x〔m〕は，次のように表される。

$x=$ ([1]　　　　　　　　)

(2) 速度と時刻のグラフの囲む([2]　　　　)は，物体の変位の大きさを表している。右の図中の｛[3] あ・い｝の部分は，速度が加速している分で移動した変位を表している。｛[4] あ・い｝の部分は，初速度の分で移動した変位を表している。

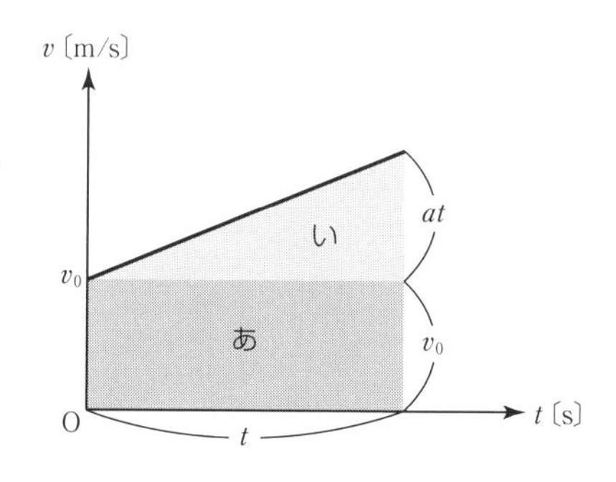

3 速度と変位の関係 次の(　　)に適当な式を入れよ。

一定の加速度 a〔m/s^2〕で運動している物体の初速度を v_0〔m/s〕，時刻 t〔s〕のときの速度と変位をそれぞれ v〔m/s〕，x〔m〕とすると，速度と変位の関係は次のように表される。

([1]　　　　　　) $=2ax$

Exercise

1 速度の式 次の各問いに答えよ。

(1) 一直線上を正の向きに速さ 3.0 m/s で進んでいる物体が加速度 0.40 m/s² で加速したとき，2.0 s 後の速度はいくらか。

(2) 一直線上を正の向きに速さ 4.0 m/s で進んでいる物体が加速度 2.0 m/s² で加速したとき，正の向きに20 m/s の速さになるのは何 s 後か。

(3) 一直線上を正の向きに速さ 5.0 m/s で進んでいる物体が 6.0 s 後に正の向きに 14.0 m/s の速さになった。このときの加速度はいくらか。

2 変位の式 初速度 4.0 m/s で走っていた自動車が，0.80 m/s² の一定の加速度で一直線上を加速している。

(1) 5.0 s 後の速度を求めよ。

(2) 5.0 s 間に進んだ距離を求めよ。

(3) 80 m 進むのは何 s 後か。

3 変位と速度の関係 初速度 4.0 m/s，加速度 2.0 m/s² で等加速度直線運動している物体が 5.0 m 移動したときの速度はいくらか。

4 v－t グラフ 右の図は，ある物体の運動を表した v－t グラフである。

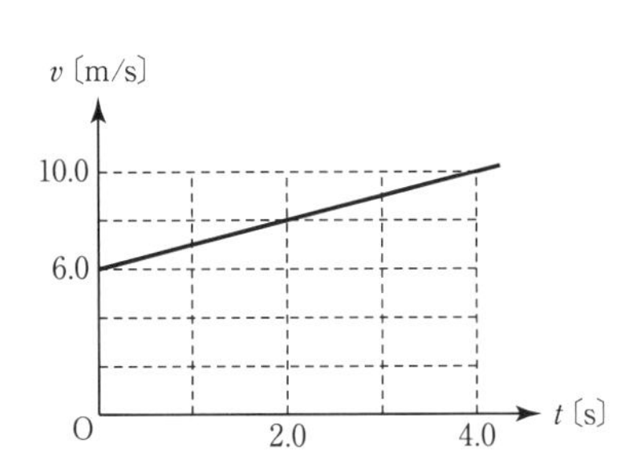

(1) 初速度と加速度はいくらか。

(2) この物体が 0 s ～ 4.0 s までに移動した距離はいくらか。

アドバイス

◂◂◂ 1 (1) $v = v_0 + at$

◂◂◂ (2) (1)の速度の式を変形して，時刻 t を求める。
$$t = \frac{v - v_0}{a}$$

◂◂◂ (3) (1)の速度の式を別の形に変形して，加速度 a を求める。
$$a = \frac{v - v_0}{t}$$

◂◂◂ 2 (1) v を求める式を使う。
$$v = v_0 + at$$

◂◂◂ (2) 進んだ距離（変位）x は，$x = v_0t + \frac{1}{2}at^2$ を用いる。

(3) (2)の変位の式に x，v_0，a の値を代入して t を求める。

◂◂◂ 3 加速度運動をした時間がわからないときは，
$$v^2 - {v_0}^2 = 2ax$$
初速度も加速度も正の値であるから，求める速度も正の値である。

◂◂◂ 4 (1) 初速度は $t = 0$ s のときの v の値。加速度は
$$a = \frac{v - v_0}{t}$$

◂◂◂ (2) $x = v_0t + \frac{1}{2}at^2$

◂◂◂ v－t グラフの傾きから加速度がわかり，面積から変位を求めることもできる。

6 自由落下運動

✓ 重要事項マスター

1 落下する物体の運動 次の｛　｝から適切なものを選べ。

ガリレオは，物体が落下する際にかかる時間は，物体の質量の大小に関係がないことを発見した。つまり，空気の影響がなければ，すべての物体は同じように落下する。

物体は質量によらず同じ加速度で落下する。物体が落下するとき，速さが徐々に一定の割合で｛[1] 増加・減少｝することや，物体を真上に投げ上げたとき，頂点に達するまで速さが徐々に一定の割合で｛[2] 増加・減少｝することから，加速度が生じていることがわかる。

2 重力加速度 次の(　)に適当な語句，数値を入れよ。

空気の影響が無視できるとき，投げ出された物体はすべて，加速度が([1]　　　　)向きで一定の大きさの([2]　　　　　　　　)運動をする。このときの加速度を([3]　　　　　　　)といい，その大きさを記号gで表す。地表では，場所によりわずかな違いがあるが，ほぼg = ([4]　　　　)m/s^{2}である。

3 自由落下運動 次の(　)に適当な語句，数値，式を入れよ。

物体を静かに落下させたときの運動を([1]　　　　　　　　　　)という。

([1]　)する物体は，どのような物体も大きさや形によらず鉛直下向きに大きさ([2]　　　　)m/s^{2}の加速度で落下する。この重力により落下する物体のもつ加速度を([3]　　　　　　)といい，その大きさを記号([4]　　)で表す。

([4]　)を式で表す場合，一般には，鉛直下向きをy軸の正の向きとし，物体の最初の位置を原点とする。重力加速度の大きさをg〔m/s^2〕，落下を開始してからt〔s〕後の速度をv〔m/s〕，その間の変位をy〔m〕とすると，

時刻 0s　0　t　y　加速度 g
速度v〔m/s〕　$v=gt$　傾きg　面積 =t〔s〕間の変位 =落下した距離　O　t　時刻t〔s〕

v = ([5]　　　　　)　＜1＞

y = ([6]　　　　　)　＜2＞

v^2 = ([7]　　　　　)　＜3＞

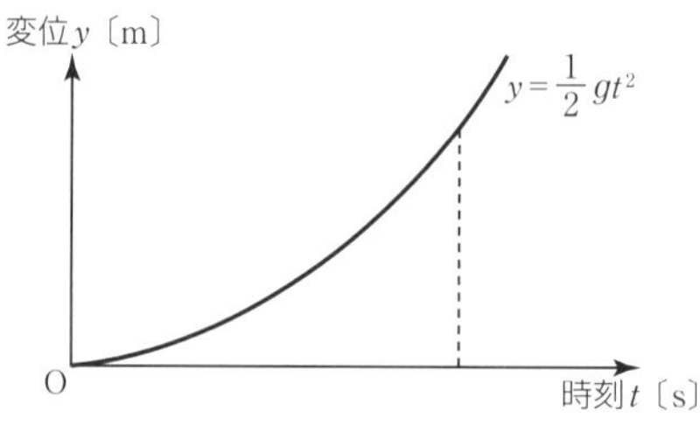

※『静かに』とは，初速度0 m/sでという意味である。

Exercise

アドバイス

1 **自由落下運動** 物体を静かに落下させた。空気の抵抗はないものとする。ただし，鉛直下向きを正，重力加速度の大きさを $9.8\ \mathrm{m/s^2}$ とする。

(1) 物体はどのような運動をするか。

◂◂◂ (1) 重力によって，初速度 $0\ \mathrm{m/s}$ で運動する。

(2) $2.0\ \mathrm{s}$ 後の物体の速度と変位はいくらか。

◂◂◂ (2) $v = gt$

$y = \frac{1}{2}gt^2$

問題文より有効数字は2桁であるから，乗除算の計算途中は3桁まで求め（4桁目は切り捨て），解答は四捨五入して2桁で答える。

(3) $4.0\ \mathrm{s}$ 後の物体の速度と変位はいくらか。

2 **自由落下運動** 高さ $19.6\ \mathrm{m}$ のビルの上からボールを自由落下させた。ただし，鉛直下向きを正，重力加速度の大きさを $9.8\ \mathrm{m/s^2}$ とする。

◂◂◂ $19.6\ \mathrm{m}$ は有効数字3桁，$9.8\ \mathrm{m/s^2}$，$1.5\ \mathrm{s}$ は有効数字2桁なので，解答は2桁で答える。

(1) $1.5\ \mathrm{s}$ 後の速度はいくらか。

◂◂◂ (1) $v = gt$

(2) ボールが地面に達するのは何 s 後か。

◂◂◂ (2) $y = \frac{1}{2}gt^2$ を変形して，時間 t を求める。
地面に達したとき，落下距離は $19.6\ \mathrm{m}$ となる。

(3) ボールが地面に達する直前の速度はいくらか。

◂◂◂ (3) (2)の時刻を用いて考える。

3 **自由落下運動** 橋の上から小石を自由落下させたところ，$1.4\ \mathrm{s}$ 後に小石が水面に達した。ただし，鉛直下向きを正，重力加速度の大きさを $9.8\ \mathrm{m/s^2}$ とする。

◂◂◂ 問題文より，解答は有効数字2桁で答える。

(1) 小石が水面に達する直前の速度はいくらか。

◂◂◂ (1) $v = gt$

(2) 橋から水面までの距離はいくらか。

◂◂◂ (2) $y = \frac{1}{2}gt^2$

7 鉛直投げ下ろし運動・鉛直投げ上げ運動

✓ 重要事項マスター

1 鉛直投げ下ろし運動　次の(　　)に適当な語句，式を入れよ。

物体を真下に投げ下ろすとき，物体は自由落下運動と同様に鉛直下向きに([1]　　　　　　)運動をする。鉛直下向きをy軸の正の向きとし，物体の最初の位置を原点とする。重力加速度の大きさをg〔m/s²〕，初速度をv_0〔m/s〕，投げ下ろしてからt〔s〕後の速度をv〔m/s〕，変位をy〔m〕とすると，

v = ([2]　　　　　　)　　　＜1＞

y = ([3]　　　　　　　　)　　　＜2＞

$v^2 - v_0{}^2$ = ([4]　　　　　　　　)　　　＜3＞

2 鉛直投げ上げ運動　次の(　　)に適当な語句，数値，式を入れよ。

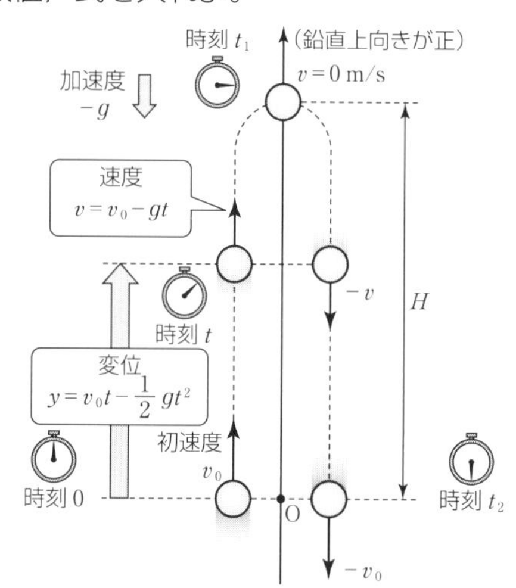

物体を真上に投げ上げたとき，物体は徐々に減速して最高点に達し，その後落下し始める。このとき物体に生じる加速度は，運動の向きにかかわらず，上向きに減速しているときも下向きに加速しているときも，つねに([1]　　　　　)向きに大きさがgである。ここで鉛直上向きをy軸の正の向きとすると，加速度は下向きを表す負の符号をつけて([2]　　　　　)と表される。

物体を初速度v_0〔m/s〕で投げ上げた位置を原点とし，重力加速度の大きさをg〔m/s²〕，t〔s〕後の速度をv〔m/s〕，変位をy〔m〕とすると，

v = ([3]　　　　　　)　　　＜4＞

y = ([4]　　　　　　　　)　　　＜5＞

$v^2 - v_0{}^2$ = ([5]　　　　　　　　)　＜6＞

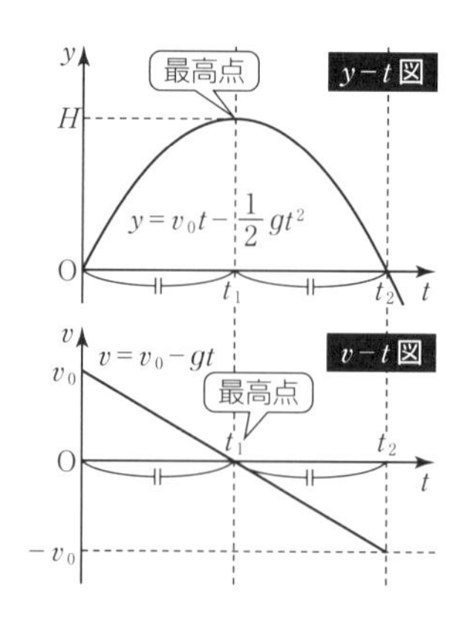

物体が最高点に達したときの速度はv = ([6]　　　)m/sである。この時刻をt_1〔s〕とすると，式＜4＞より

t_1 = ([7]　　　　　)

このときの最高点の高さH〔m〕は，式＜5＞のtに([7]　)を代入して，

H = ([8]　　　　　　　　　　　　) = ([9]　　　　　)

Exercise

1 **鉛直投げ下ろし運動** 高さ 49.5 m のビルの屋上からボールを鉛直下向きに投げ下ろした。ただし，鉛直下向きを正，重力加速度の大きさを 9.8 m/s^2 とする。

(1) 初速度 2.0 m/s で投げ下ろしたとき，0.50 s 後の速度と変位はいくらか。

(2) ある初速度で投げ下ろしたら，3.0 s で地面に達した。初速度はいくらか。

2 **鉛直投げ上げ運動** 29.4 m/s の速さで鉛直上向きにボールを投げ上げた。ただし，投げ上げた点を原点，鉛直上向きを正，重力加速度の大きさを 9.8 m/s^2 とする。

(1) 2.0 s 後のボールの速度と高さはいくらか。

(2) 5.0 s 後のボールの速度と高さはいくらか。

? (3) 最高点に達したときのボールの速度はいくらか。

(4) 最高点に達した時刻とそのときの高さはいくらか。

? (5) 初めの高さに戻ってくるまでの時間はいくらか。

アドバイス

◀◀◀ 49.5 m は有効数字 3 桁，9.8 m/s^2, 2.0 m/s, 0.50 s は有効数字 2 桁なので，解答は 2 桁で答える。

◀◀◀ (1) $v = v_0 + gt$
$y = v_0t + \frac{1}{2}gt^2$ を用いる。

◀◀◀ (2) $t = 3.0$ s での変位が 49.5 m である。
$y = v_0t + \frac{1}{2}gt^2$ を用いる。

◀◀◀ (1) 速度には $v = v_0 - gt$，高さには $y = v_0t - \frac{1}{2}gt^2$ を用いる。

◀◀◀ (3) 最高点では，上昇と下降が切りかわる。

◀◀◀ (4) $v = v_0 - gt$ を用いて時刻 t を求める。

◀◀◀ (5) 重要事項マスター 2 の v-t グラフからわかるように，最高点に達する時間と最高点から落下してくる時間は同じになる。

8 力

✓ 重要事項マスター

1 力のはたらき 次の(　　)に適当な語句を入れよ。

力は，物体を(1　　　　　)させたり，物体の(2　　　　　　　　　　　)を変えたりするはたらきがある。

また，力は，物体を変形させる力や摩擦力などの接触している物体間ではたらく力と，重力，磁気力や静電気力などの離れている物体間ではたらく力に分けられる。

2 力の三要素 次の(　　)に適当な語句を入れよ。

(1)　力のはたらきは，力の向き，力の(1　　　　　　)，(2　　　　　　)（物体が力を受ける点）で決まる。これらを(3　　　　　　　　)という。

(2)　力の大きさの単位には，ニュートン(記号(4　　　))を用いる。力は大きさと向きをもつ(5　　　　　　　)であり，記号 $\vec{F}$ のように文字の上に矢印をつけて表す。作用点を通り，力の向きに沿って引いた直線を(6　　　　　)という。

3 いろいろな力 次の(　　)に適当な語句を入れよ。

(1)　物体が地球から受ける力を(1　　　　　)という。この力の向きは，鉛直(2　　　)向きである。質量 1 kg の物体にはたらく重力の大きさは(3　　　　　　)である。物体が受ける重力の大きさを物体の重さという。

(2)　糸がピンと張っているときに，物体が糸から受ける力を(4　　　　　　　)という。

(3)　物体が面から垂直な方向に受ける力を(5　　　　　　　　)という。

4 フックの法則 次の(　　)に適当な語句，式を入れよ。

ばねを自然の長さから伸び縮みさせ，もとの長さに戻るときに物体がばねから受ける力をばねの(1　　　　　　)という。

ばねの弾性力の大きさ F〔N〕は，自然の長さからの伸び(または縮み) x〔m〕に(2　　　　　　)する。この F と x の関係を(3　　　　　　　　　)といい，比例定数をばね定数という。

ばね定数を k〔N/m〕とすると，(3　)は次のように表される。

F = (4　　　　)

Exercise

1 **力の表し方** 次の各物体にはたらく力を図示せよ。

(1) 自由落下するボール

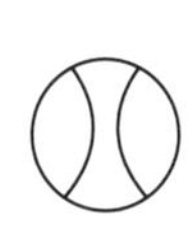

(2) 机の上にあるりんご

(3) 天井からひもで
つるされた物体

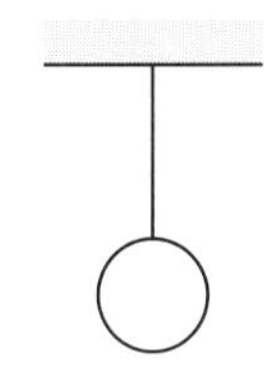

(4) 天井からばねで
つるされた物体

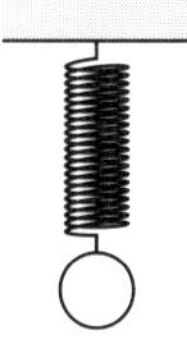

(5) 放物運動の最高点にあるボール

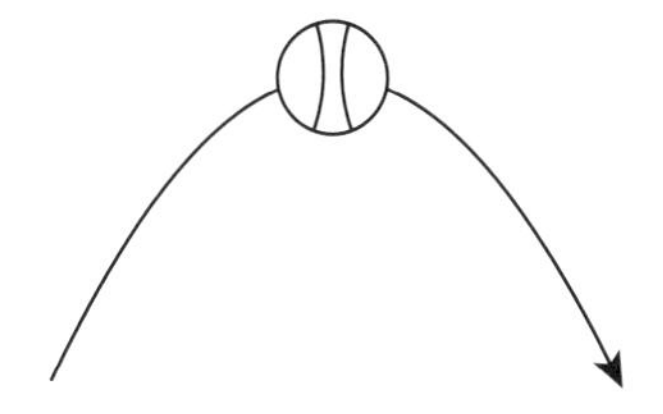

(6) 床の上にある物体 A

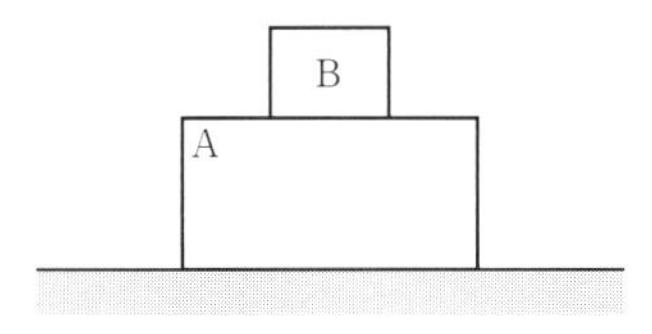

アドバイス

◂◂◂ 物体にはたらく力には，地球からはたらく重力，面から垂直にはたらく垂直抗力，面から水平にはたらく摩擦力，糸から引かれる張力，ばねからはたらく弾性力などがある。

2 **フックの法則** 次の各問いに答えよ。

(1) ばね定数 7.0 N/m のばねにおもりをつけたところ，ばねは 0.40 m 伸びた。ばねの弾性力の大きさはいくらか。

(2) ばねを自然の長さから 20 cm 伸ばしたときのばねの弾性力の大きさが 5.0 N であった。このばねのばね定数はいくらか。

◂◂◂ フックの法則は
$F = kx$

◂◂◂ cm は m になおして計算する。

9 力の合成・分解，力のつりあい

✓ 重要事項マスター

1 力の合成 次の(　)に適当な語句を入れよ。

(1) 1つの物体が$\vec{F_1}$, $\vec{F_2}$の2力を同時に受けるとき，これと同じはたらきをする1つの力$\vec{F}$を$\vec{F_1}$, $\vec{F_2}$の(1　　　)という。(1　)を求めることを(2　　　)という。

(2) 合成する2力$\vec{F_1}$, $\vec{F_2}$が一直線上にないとき(または平行でないとき)，2力を2辺とする(3　　　)をつくると，その対角線の長さが2力の合力$\vec{F}$の(4　　　)を表す。また，その対角線の方向は合力$\vec{F}$の(5　　　)を表す。

2 力の分解・力の成分 次の(　)に適当な語句を入れよ。

(1) 力の合成とは反対に，1つの力$\vec{F}$を，これと同じはたらきをする同時にはたらく2力$\vec{F_1}$, $\vec{F_2}$に分けることを(1　　　)という。この分解された2力を(2　　　)という。

(2) 物体にはたらく力は，直交しているx軸，y軸方向の分力$\vec{F_x}$, $\vec{F_y}$に分解すると，扱いが便利である。$\vec{F_x}$, $\vec{F_y}$の大きさに，正負の符号を付けたものを$\vec{F}$の(3　　　)，(4　　　)といい，F_x, F_yと表す。

3 力のつりあい 次の(　)に適当な語句を入れよ。

(1) 1つの物体が2つの力$\vec{F}$, $\vec{F'}$を受けているのに静止しているとき，この2力$\vec{F}$, $\vec{F'}$は(1　　　)という。この2力の合力の大きさは(2　　)である。

(2) 2力が1つの物体にはたらいていてつりあっているとき，この2力は，同一(3　　　)にあり，向きが(4　　　)で，大きさが(5　　　)。

(3) 1つの物体が3力を受けているのに静止しているとき，3力は(6　　　)。

Exercise

1 **力の合成** 次の図の物体にはたらく力の合力を図示し，大きさを求めよ。

(1)

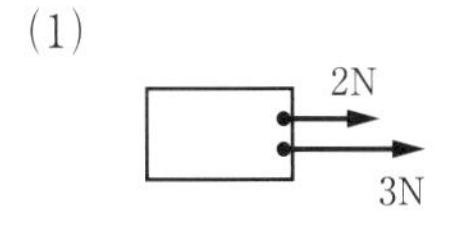

(2)

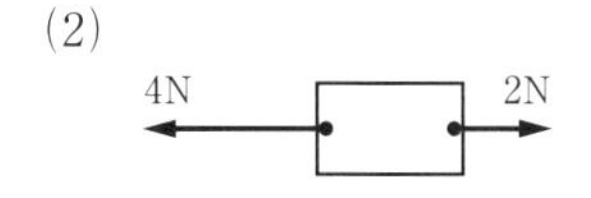

(3) 図の1目盛の長さが1.0 Nとすると，合力の大きさは何Nか。ただし，$\sqrt{2}=1.4$として答えよ。

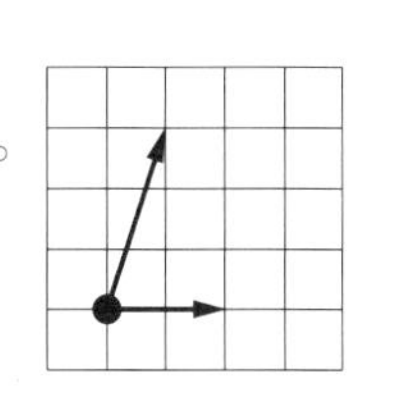

アドバイス

◂◂◂ (1)，(2) 2力が同じ向きなら和，逆向きなら差が合力の大きさである。

◂◂◂ (3) 平行四辺形をつくる。

2 **力の分解** 次の図の力をx軸方向とy軸方向に分解して分力を図示せよ。

(1)

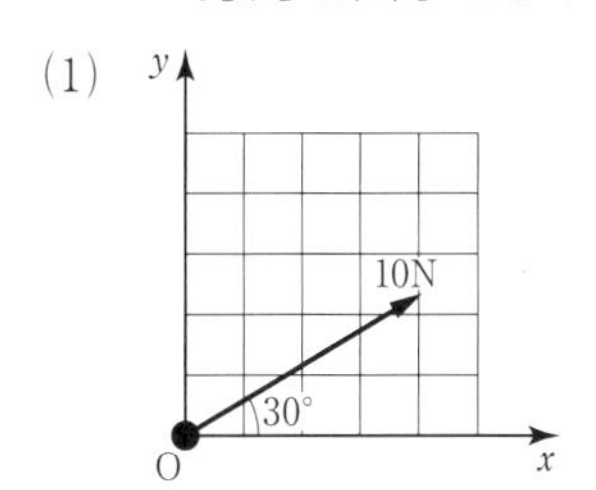

(2)

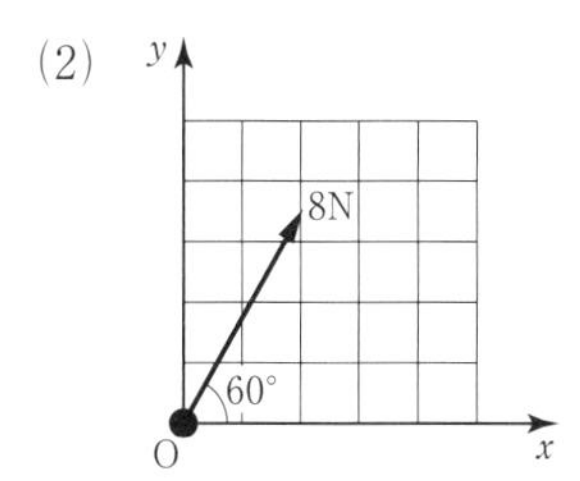

(3)

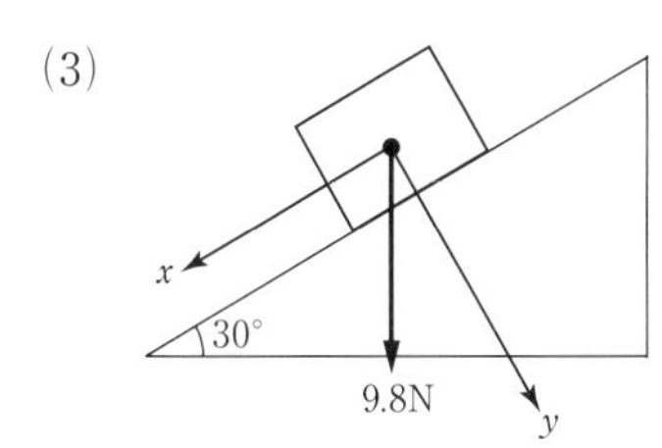

3 **力のつりあい** 次の図中の物体にはたらく重力とつりあう力を図示せよ。

◂◂◂ どのような力がはたらくか考える。

(1) 机の上のりんご　(2) ひもでつるされた物体　(3) ばねでつるされた物体

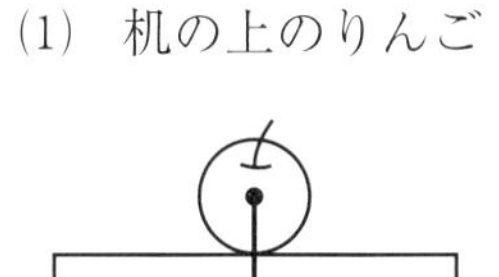

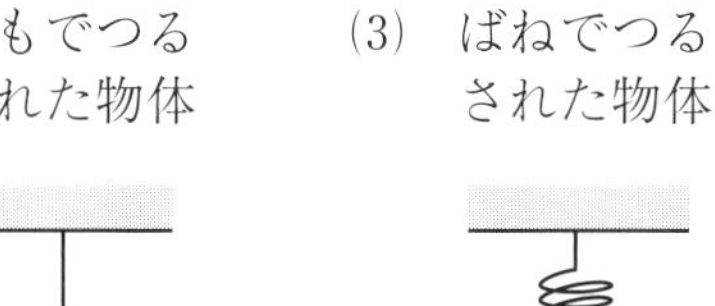

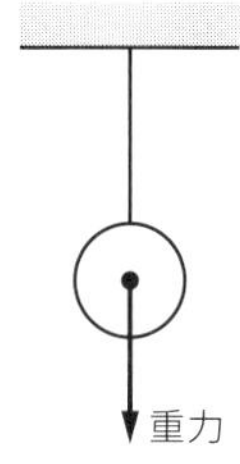

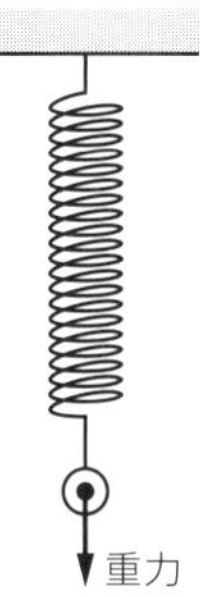

10 作用反作用

✓ 重要事項マスター

1 作用反作用の法則 次の(　)に適当な語句を入れよ。

(1) 物体間に力がはたらくときは，必ず互いに力を及ぼしあっており，２つの力が一対となって現れる。つまり，物体が２つないと力は生じないし，生じるときには力は２つ生じ，別々の物体にはたらく。

静止した２台の台車に乗った２人の一方が他方を押すと，台車に乗った２人は互いに反対の向きに動きだす。これは，押した方も押された方と(1　　　　)大きさで(2　　)向きの力を受けるためである。このように，力は必ず２つの物体間で互いに及ぼしあう。この２つの力の一方を作用といい，他方を(3　　　　)という。

(2) 作用と(3　)については次の法則が成り立つ。

AがBに及ぼす力があれば，必ず，BがAに及ぼす力がある。この２力について，一方を作用とよぶとき，他方は(3　)とよばれる。作用と(3　)は，つねに(4　　　　)直線上にあり，互いに(2　)向きで大きさは(5　　　　)。

この法則を(6　　　　　　　)という。

2 ２力のつりあいと作用反作用 次の(　)に適当な語句を入れよ。

「つりあいの関係にある力」と「作用反作用の関係にある力」はどちらもそれぞれ，(1　　)直線上にあり，向きが(2　　)であり，大きさは(3　　　　)。

しかし，つりあいの関係にある２力は「(4　　　　)物体が受ける力」，作用反作用の関係にある２力は「(5　　　　)物体が受ける力」である。

右の図の力の W，R，R'，W' のうち，作用反作用の関係の力は(6　　)と W'，R と(7　　)である。

りんごについて，つりあいの関係の力は(8　　)と(9　　)である。

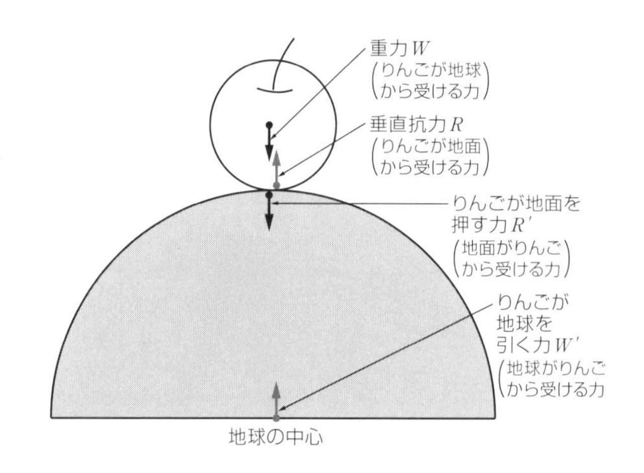

Exercise

1 作用反作用の法則 次の力の反作用はどの物体がどの物体から受ける力か。

(1) りんごが机を押す力
(机がりんごから受ける力)

(2) 糸が物体を引く力
(物体が糸から受ける力)

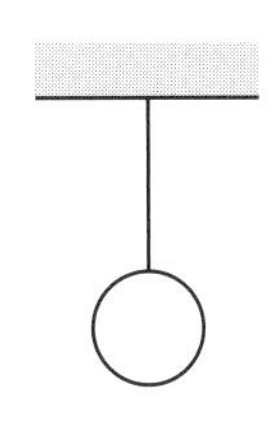

(3) 地球がボールを引く力
(ボールが地球から受ける力)

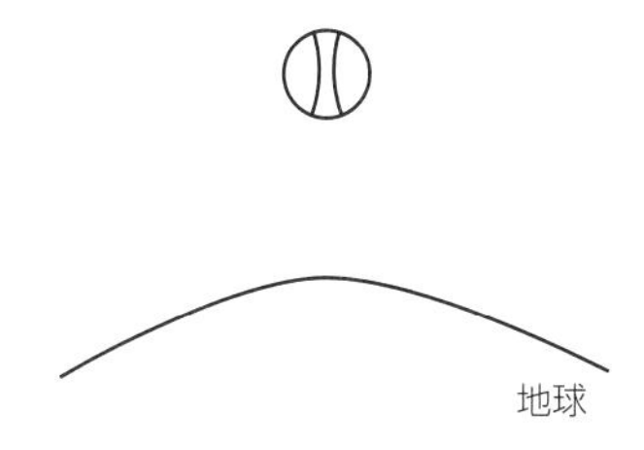

(4) 磁石がスチール黒板を引く力
(スチール黒板が磁石から受ける力)

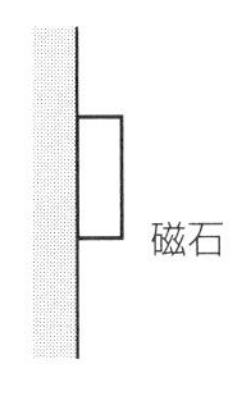

アドバイス

2 2力のつりあいと作用反作用 次の各問いに答えよ。

(1) 床の上にある物体Bの上に物体Aが置いてある。物体AとBの重力の大きさがそれぞれ4.0 N, 5.0 Nであった。物体Bが床から受ける力の大きさはいくらか。物体Bが受ける力をすべて図中に図示して，つりあいの関係から求めよ。

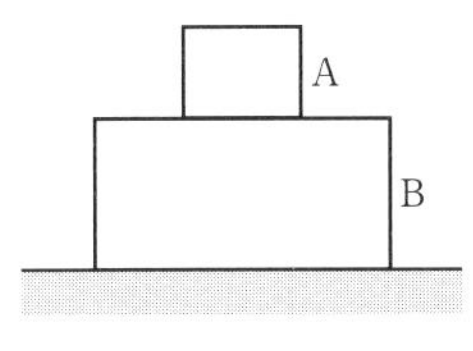

◂◂◂ (1) AがBに及ぼす力とBがAに及ぼす力は，作用と反作用で大きさが等しい。静止している物体の合力の大きさ=0

(2) 床の上にある重力の大きさが9.0 Nの物体にひもをつけて，つり上げようとした。4.0 Nの力で引いたが，まだ床から離れなかった。このとき，物体が床から受ける力の大きさはいくらか。

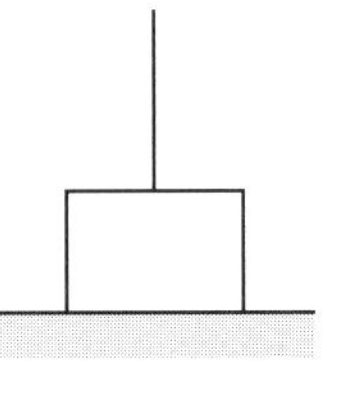

◂◂◂ (2) 床の上で静止している物体が床を押す力が小さくなるにしたがって，垂直抗力は小さくなる。

11 慣性の法則，運動の法則

✓ 重要事項マスター

1 慣性 次の(　)に適当な語句を入れよ。

電車がブレーキをかけたときに車内の乗客が倒れそうになったり，車内の空き缶が転がったりする。このように，すべての物体には現在の運動の状態を(1　　　　)とする性質がある。この性質を物体の(2　　　　)という。

2 慣性の法則 次の(　)に適当な語句を入れよ。

物体が外力を受けない，あるいは外部から受ける力の合力の大きさが(1　　)の場合，静止している物体は(2　　　　)を続け，運動している物体は(3　　　　)を続ける。これを(4　　　　)，または運動の第一法則という。

3 力と加速度 次の(　)に適当な語句，数値を入れよ。

(1) 物体が受ける力が一定の場合，その物体は(1　　　　)をする。

(2) 力学台車の質量を変えずに，台車を引く力の大きさを2倍に増やすと，力学台車に生じる加速度の大きさは(2　　)倍となる。

(3) 質量が一定のとき，物体に生じる加速度の大きさは，その物体が受ける力の大きさに(3　　　　)する。

4 質量と加速度 次の(　)に適当な語句，数値を入れよ。

(1) 力学台車を引く力の大きさを一定にし，台車の質量を2倍に増やすと，台車に生じる加速度の大きさは(1　　)倍となる。

(2) 物体が受ける力の大きさが一定のとき，物体に生じる加速度の大きさは，その質量に(2　　　　)する。

5 運動の法則 次の(　)に適当な語句を入れよ。

物体は力を受けると，その向きに(1　　　　)が生じる。(1　)の大きさは物体が受ける力の大きさに(2　　　　)し，物体の質量に(3　　　　)する。

これを(4　　　　)，または運動の第二法則という。

Exercise

アドバイス

1 慣性の法則

次の各問いに答えよ。

慣性の法則は，物体に①力がはたらいていない，②力がはたらいていても合力の大きさが0，の①，②の場合について述べており，このとき物体は(a)静止を続ける，(b)等速直線運動を続ける，の(a)，(b)のいずれかの状態になる。

次の(1)，(2)の運動の状態で，物体にはたらく力の説明として正しいのは，上の①，②のどちらか。また，運動の状態は(a)，(b)のどちらになるだろうか。

(1) 天井からつり下げられた照明器具

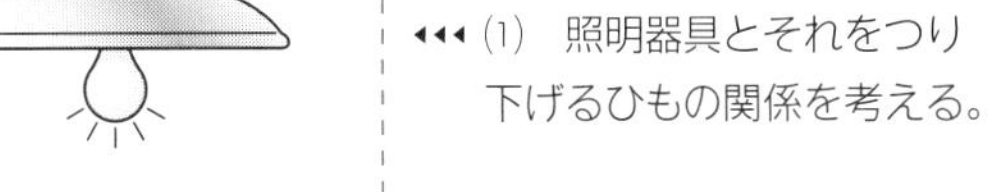

> ◂◂◂ (1) 照明器具とそれをつり下げるひもの関係を考える。

(2) 摩擦を無視できる氷の上をすべるカーリングのストーン

> ◂◂◂ (2) 氷とストーンの間の摩擦は無視できるものとする。

2 運動の法則

右の図の実験装置で水平方向に一定の力 F〔N〕で力学台車を引き続けた。このときの v-t グラフが下図の(ア)である。

記録タイマー
紙テープ
引く力を変えて測定
ゴムひも

(1) (ア)の加速度の大きさはいくらか。グラフから求めよ。

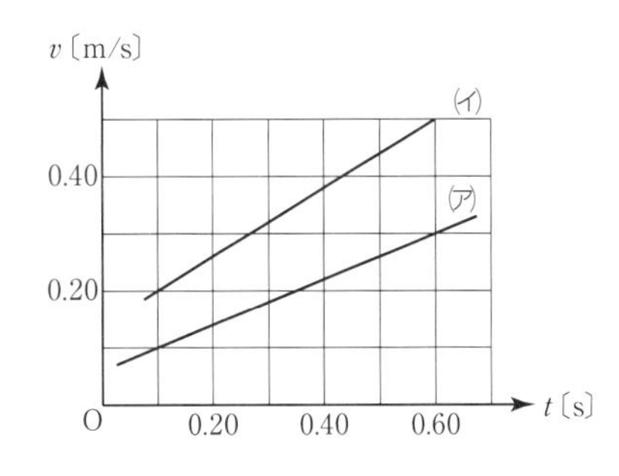

> ◂◂◂ (1) v-t グラフの直線の傾きは，加速度を表す。

(2) 同じ力学台車に異なる大きさの一定の力 F'〔N〕を加えて同じ実験を行い，(イ)のグラフを得た。F'〔N〕は(ア)のときの何倍か。

> ◂◂◂ (2) 力を受けた物体には，力の大きさに比例する加速度が生じる。

(3) 次に，一定の力 F'〔N〕でこの力学台車におもりをのせて実験をしたら，グラフは(ア)と同じになった。のせたおもりの質量はいくらか。ただし，台車の質量は 1.0 kg である。

> ◂◂◂ (3) 力を受けた物体には，力の大きさに比例し，質量に反比例する加速度が生じる。

12 運動方程式

✓ 重要事項マスター

1 運動方程式　次の(　　)に適当な語句を入れよ。

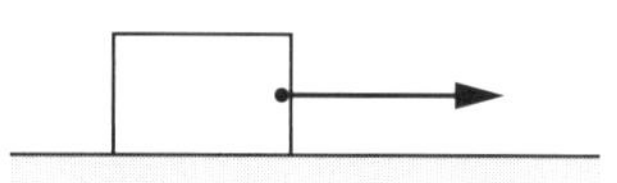

運動の法則から，物体の加速度の大きさa〔m/s²〕は，物体が受ける合力の大きさF〔N〕に比例し，物体の質量m〔kg〕に反比例する。よって，比例定数をkとすると，

$$a = k\frac{F}{m}$$

となる。この式で$k = 1$となるような力の単位を定める。

つまり，質量1kgの物体に1m/s²の大きさの加速度を生じさせるような力の大きさを1N（読み方：ニュートン）と定める。

この力の単位を用いて，質量m〔kg〕の物体が受ける合力をF〔N〕，物体に生じる加速度をa〔m/s²〕とすると，運動の法則は次のように表される。

(1　　　　) $= F$

この式を(2　　　　　　　)という。

2 重力　次の(　　)に適当な語句，数値，式を入れよ。

(1)　重力のみを受けて落下する物体は，鉛直下向きに一定の(1　　　　)で運動する。この重力によって落下する物体の加速度を(2　　　　　)といい，その大きさg〔m/s²〕は$g =$ (3　　　　　)である。

(2)　物体の質量m〔kg〕，物体が受ける重力の大きさW〔N〕，重力加速度の大きさg〔m/s²〕とすると，運動方程式から$W =$ (4　　　)と表すことができる。

(3)　自由落下運動で，質量が2倍に増えると(5　　　　　　　　)も2倍になるので，落下の加速度は質量が2倍になっても(6　　　　)で，9.8 m/s²である。

3 質量と重さ　次の(　　)に適当な語句を入れよ。

物理の世界では日常生活と異なり，「質量」と「重さ」は，別の物理量として厳密に使い分けられている。

重さとは(1　　　　　　　)のことであり，単位は(2　　　　　　　)である。それに対し，質量の単位は(3　　　　　)である。

Exercise

1 運動方程式 なめらかな水平面上で，質量 1.5 kg の台車を 3.0 N の一定の力で水平に引き続けた。このときの台車に生じる加速度はいくらか。

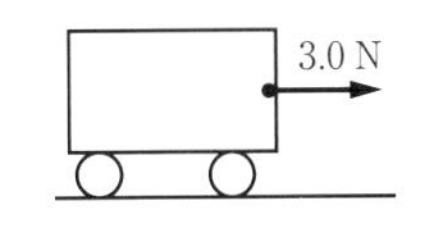

アドバイス

◂◂◂ 運動方程式
$ma = F$

◂◂◂ 加速度の向きは，加えられた力の向きと同じである。

2 重力 質量 1.0 kg の物体 A と質量 3.0 kg の物体 B と，A と B を軽い糸でしっかり結んだ物体で自由落下運動の実験を行った。ただし，重力加速度の大きさを 9.8 m/s^2 とし，空気の抵抗は無視できるとする。

(1) 物体 A，B の重力の大きさはいくらか。

◂◂◂ (1) 重力の大きさ
＝質量×重力加速度の大きさ

(2) 下の(ア)～(オ)のように同じ高さから落としたとき，同時に地面につくものがあるか。また，どれが先につくか。

(ア) A のみ　(イ) B のみ　(ウ) A＋B　(エ) B が下　(オ) A が下

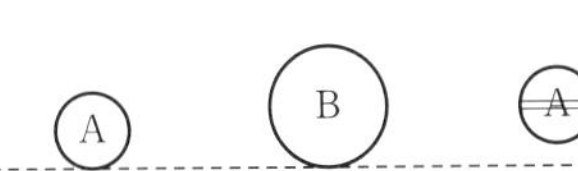

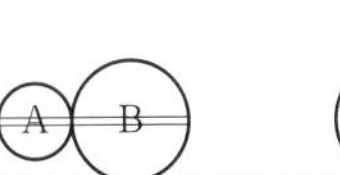

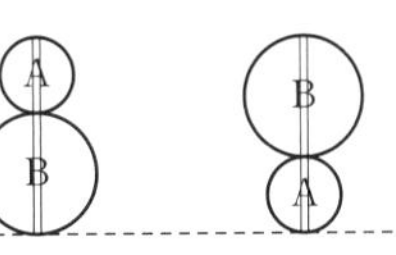

地面

(3) 物体 B を鉛直上向きに投げ上げた。物体に生じる加速度の向きと大きさはいくらか。

◂◂◂ (3) 空中に投げ上げられた物体の受ける力を考える。

(4) ある惑星上で，物体 B の重力の大きさは 17.4 N になった。この惑星上での重力加速度の大きさはいくらか。

◂◂◂ (4) 重力の大きさ＝質量×重力加速度の大きさであるから，重力加速度の大きさが変われば，重力の大きさも変化する。

13 摩擦力，圧力と浮力

✓ 重要事項マスター

1 摩擦力 次の（　）に適当な語句，式を入れよ。

(1) あらい水平面上にある物体に，水平方向に力 F〔N〕を加えても，F が小さなうちは動かない。これは，物体に加えた力 F と同じ大きさで反対向きに水平面から（1　　　　）を受けて 2 力がつりあっているためである。しかし，F がある値を超えたとき物体はすべりだす。これは加えた力 F が水平面からの（1　）の最大値（限界値）を超えたからである。この値を（2　　　　）という。（2　）F_0〔N〕は物体が水平面から受ける垂直抗力 N〔N〕に比例する。比例定数 μ_0 を（3　　　　）といい，次のように表される。

$F_0 =$（4　　　　）

(2) あらい水平面上をすべっている物体が水平面から受ける摩擦力を（5　　　　）という。（5　）F'〔N〕は，垂直抗力 N〔N〕に比例する。比例定数 μ' を（6　　　　）といい，次のように表される。

$F' =$（7　　　　）

2 圧力 次の（　）に適当な語句，数値，式を入れよ。

(1) 面を押す力のはたらきは，面を垂直に押す（1　　　　）あたりの力の大きさで表され，これを（2　　　　）という。F〔N〕の力が S〔m^2〕の面を垂直に押すとき，（2　）p は次のように表される。

$p =$（3　　　　）

（2　）の単位にはパスカル（記号（4　　））を用いる。

大気から受ける圧力を大気圧という。1 気圧 ＝（5　　　　）$\times 10^5$ Pa ＝ 1013 hPa

(2) 水から受ける圧力の水圧は，深さが深いほど（6　　　　）なり，深さが等しければあらゆる向きで（7　　　　）大きさである。

3 浮力 次の（　）に適当な語句，式を入れよ。

水中の物体が受ける浮力の大きさは，その物体が（1　　　　）体積の水が受ける重力の大きさに等しい。これを（2　　　　）という。

水中の物体が受ける浮力の大きさ F〔N〕は，水中の物体の体積を V〔m^3〕，水の密度を ρ〔kg/m^3〕，重力加速度の大きさを g〔m/s^2〕とすると，次のように表される。

$F =$（3　　　　）

Exercise

1 **摩擦力** 質量 10 kg の物体があらい水平面上に置かれている。物体とこの面との静止摩擦係数は 0.50 である。ただし，重力加速度の大きさを 9.8 m/s^2 とする。

(1) この物体を 20 N の力で水平に押しても，物体は動かなかった。このときの物体にはたらいている摩擦力の大きさはいくらか。

(2) 押す力を大きくしていくと，ある値を超えたとき物体は動きだした。このときの摩擦力（最大摩擦力）の大きさはいくらか。

(3) この物体の上に質量 6.0 kg の別の物体を載せたとき，最大摩擦力の大きさはいくらか。

アドバイス

◂◂◂ 物体を動かそうとして押しても，力の大きさが小さいうちは動きださない。このとき，物体は面から摩擦力（静止摩擦力）を受けている。このような面を「あらい面」という。摩擦力が生じない面は「なめらかな面」という。

◂◂◂ (2) $F_0 = \mu_0 N$ を用いる。

◂◂◂ (3) 別の物体を載せると，垂直抗力が大きくなる。

2 **圧力** 右の図のような質量 2.0 kg で，各辺の長さが 10 cm，25 cm，40 cm のレンガがある。面 A，B，C のうち，どれを下にしたときレンガの下の面の受ける圧力が最大になるか。また，面 C を下にしたとき，レンガの下の面の受ける圧力はいくらか。ただし，重力加速度の大きさを 9.8 m/s^2 とする。

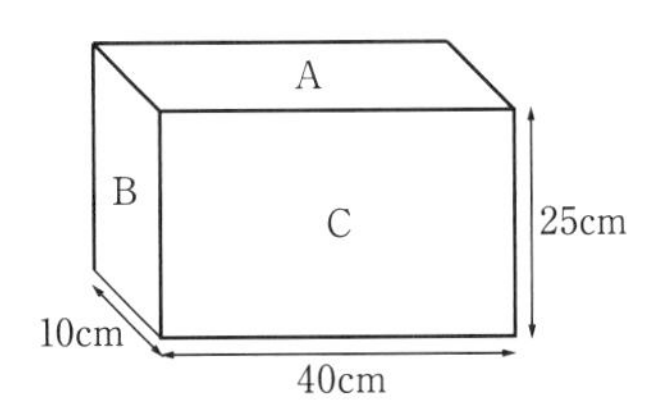

◂◂◂ 同じ大きさの力なら，力を加える面積が小さいほど圧力は大きくなる。

◂◂◂ 重力の大きさ　$W = mg$

◂◂◂ 圧力を求めるとき，面の面積の単位は m^2 にする。

◂◂◂ 大きな数または小さな数の有効数字を明確にするため，科学的表記を用いる。

3 **浮力** 図のように，質量 1.0 kg，体積 5.0×10^{-4} m^3 の物体に軽い糸をつけて，水の中に沈めた。水の密度は 1.0×10^3 kg/m^3 である。ただし，重力加速度の大きさを 9.8 m/s^2 とする。

(1) 水中で静止している物体にはたらく浮力の大きさはいくらか。

(2) 物体にはたらく糸の張力の大きさはいくらか。

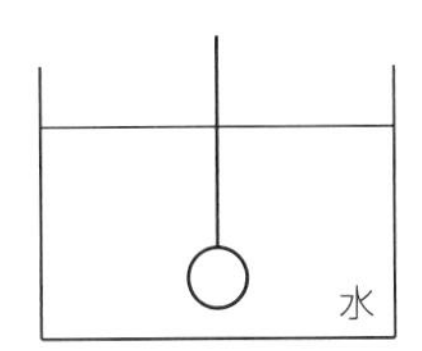

◂◂◂ 大きな数または小さな数の有効数字を明確にするため，科学的表記を用いる。

◂◂◂ (1) 浮力の大きさ F〔N〕は $F = \rho V g$

◂◂◂ (2) 張力の大きさは，重力と浮力の差になる。

14 1物体の運動方程式

✓ 重要事項マスター

1 2つの力を受ける1物体の運動方程式　　次の(　　)に適当な式を入れよ。

図の糸につるした物体の質量を m〔kg〕，重力加速度の大きさを g〔m/s^2〕，物体を張力 T〔N〕で引いたときに物体に生じる加速度を a〔m/s^2〕とする。

張力の向きを正の向きとすると，物体が受ける力の合力は式(^{1}　　　　　　)となる。

この合力を受けて運動する物体の運動方程式を立てると，

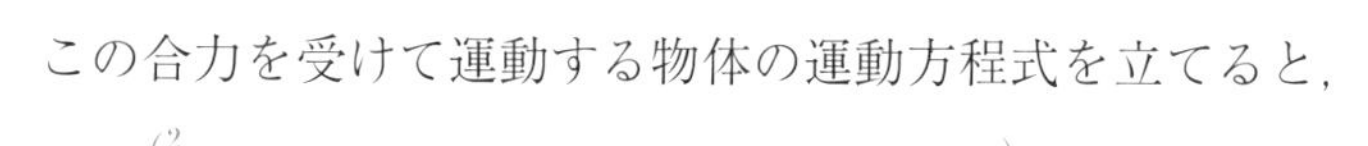

(^{2}　　　　　　　　　　　　　　　)

となる。よって，物体に生じる加速度 a は，

a = (^{3}　　　　　　　)

である。

2 斜面上の物体の運動　　次の(　　)に適当な式を入れ，｛　　｝からは適当な式を選べ。

図のように，水平面となす角が30°のなめらかな斜面上に，質量 m〔kg〕の物体を置いて静かに手を放したところ，一定の加速度で物体は斜面をすべり降りていった。重力加速度の大きさを g〔m/s^2〕とする。

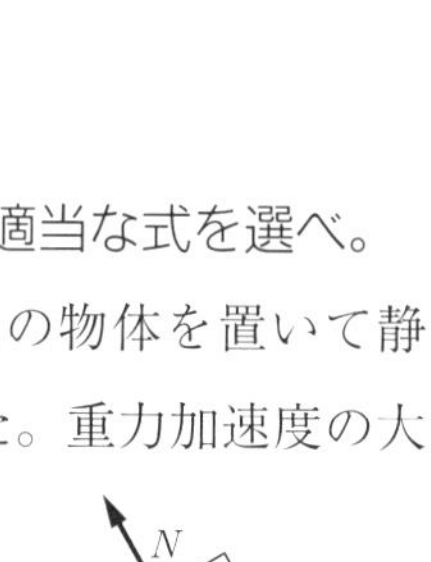

なめらかな斜面上の物体が受ける力は，大きさ mg〔N〕の重力と大きさ N〔N〕の垂直抗力である。

物体は斜面上をすべり降りるので，重力を物体の運動方向(斜面方向)と，運動に垂直な方向に分解して考える。

右下図の直角三角形の辺の比から，重力の斜面方向の分力Ⓐの大きさは｛^{1} $\frac{1}{2}mg$ ・ $\frac{\sqrt{3}}{2}mg$ ｝で，斜面に垂直な方向の分力Ⓑの大きさは｛^{2} $\frac{1}{2}mg$ ・ $\frac{\sqrt{3}}{2}mg$ ｝である。

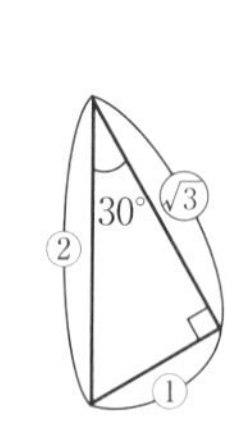

重力の斜面に垂直な方向の分力Ⓑは，垂直抗力とつりあうので，

N = ｛^{2} $\frac{1}{2}mg$ ・ $\frac{\sqrt{3}}{2}mg$ ｝

となる。

重力の斜面方向の分力Ⓐにより，物体は斜面方向に等加速度運動をする。

よって，このとき物体に生じる加速度を a〔m/s^2〕として，物体の運動方程式を立てると，

ma = (^{3}　　　　　　　)

となり，加速度 a は，a = (^{4}　　　　)となる。

Exercise

1 **運動方程式** 図のようになめらかな水平面上に置かれた質量 10 kg の物体に，右向き 8.0 N，左向き 3.0 N の力がはたらいている。

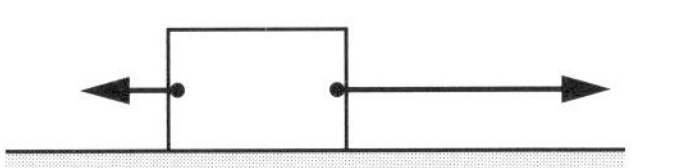

(1) 物体に生じる加速度を a〔m/s^2〕として，この物体の運動方程式を立てよ。

(2) この物体に生じる加速度 a はいくらか。

2 **2つの力を受ける1物体の運動方程式** 図のように質量 5.0 kg の物体を糸につるした。ただし，重力加速度の大きさを 9.8 m/s^2 とする。

(1) この物体を 2.0 m/s^2 の一定の加速度で引き上げたとき，糸の張力の大きさはいくらか。

(2) この物体を 1.6 m/s^2 の一定の加速度で鉛直下向きに運動させたとき，糸の張力の大きさはいくらか。

(3) この物体を 2.6 m/s の一定の速度で引き上げているとき，糸の張力の大きさはいくらか。

3 **斜面上の物体の運動** 水平面となす角が 30° のなめらかな斜面に，質量が 10 kg の物体を置くと，斜面をすべり始めた。ただし，重力加速度の大きさを 9.8 m/s^2，$\sqrt{3}=1.7$ とする。

(1) この物体が受ける重力の大きさはいくらか。

(2) 重力の斜面方向の分力の大きさと斜面に垂直な方向の分力の大きさはいくらか。

(3) 物体は斜面方向に運動している。斜面方向下向きを正とし，物体の加速度の大きさを a〔m/s^2〕とする。斜面方向の運動方程式を立てて，加速度の大きさを求めよ。

アドバイス

◂◂◂ $ma=F$ を用いて考える。

◂◂◂ 向きの違う力がはたらくときには，大きな力の向きを正の向きとする。

◂◂◂ 運動方程式は
$ma=T-mg$

◂◂◂ 加速度がわかっているときには，加速度の向きを正の向きとする。

◂◂◂ (3) 等速度で運動しているとき，物体が受けている力はつりあっている。

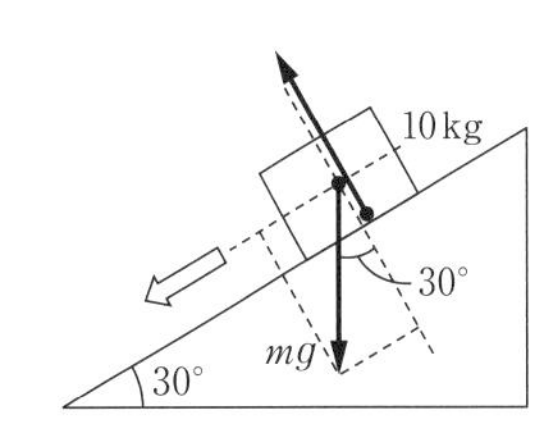

15 2物体の運動方程式

✓ 重要事項マスター

1 2物体の運動方程式 次の(　　)に適当な式を入れよ。

図のように，なめらかな水平面上に質量2.0kg，3.0kgの物体A，Bが接して置かれている。物体Aを右向きに大きさ15Nの力で水平に押すと，物体A，Bは等しい加速度で運動した。

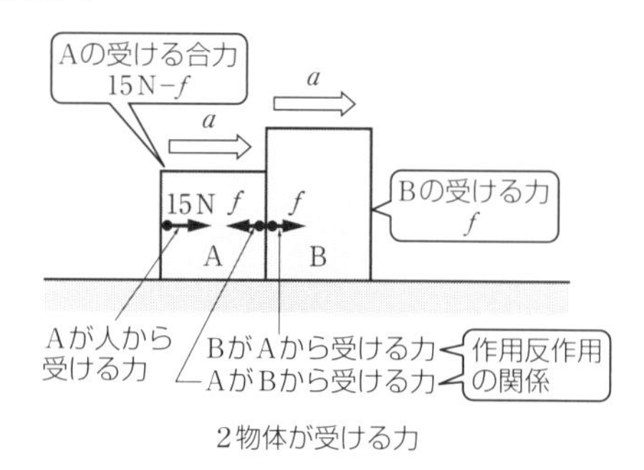

2物体が受ける力

この物体A，Bの運動を次の(ア)，(イ)の２つの方法で考える。

(ア)　物体A，Bそれぞれの運動方程式を立てて考える。
２物体の間で及ぼしあう力(作用と反作用)の大きさをf〔N〕とし，物体に生じる加速度をa〔m/s^2〕とする。右向きを正の向きとすると，
物体Aの運動方程式は(1　　　　　　　　)　……①となり，
物体Bの運動方程式は(2　　　　　　　　)　……②となる。
式①，②より，加速度aは，a＝(3　　　　)である。この加速度aの値を式②に代入すると，２物体の間で及ぼしあう力(作用と反作用)の大きさfは，f＝(4　　　　)である。

(イ)　２物体は接触したまま動くので，合体した１物体とみなして考える。
両物体をまとめると，物体の質量は(5　　　　)となる。
両物体が受ける水平方向の外力の大きさは15Nであるから，両物体に生じる加速度の大きさをa〔m/s^2〕として運動方程式を考えると，(6　　　　　　　　)となる。
この式から，加速度aは，a＝(7　　　　)である。

(ア)，(イ)のどちらの立場をとっても，加速度aは同じである。ただし，(イ)の解法では，物体A，B間で及ぼしあう力(作用と反作用)の大きさが解答の過程では現れず，すぐに求めることはできない。

Exercise

1 **糸でつながれた2物体の運動方程式** 図のように質量2.0 kgの台車Aと質量3.0 kgの台車Bを軽い糸で結び，10 Nの力で右向きに引いた。面は水平でなめらかであるとする。

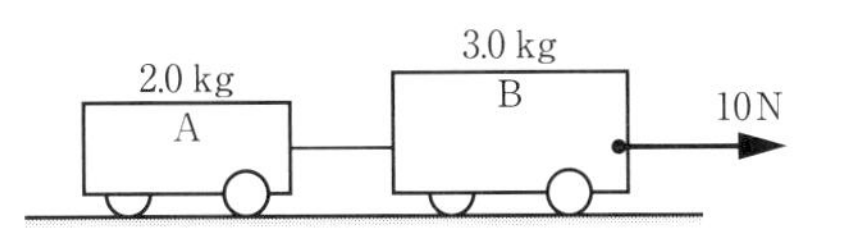

(1) 台車A，Bの加速度の大きさはいくらか。

(2) 糸の張力の大きさはいくらか。

2 **糸でつながれた2物体の運動方程式** 図のように質量M〔kg〕の台車Aに質量m〔kg〕のおもりBを，なめらかに回る滑車を通して軽い糸で結び，静かに手をはなした。台車ののっている面は，水平でなめらかである。ただし，重力加速度の大きさをg〔m/s^2〕とする。

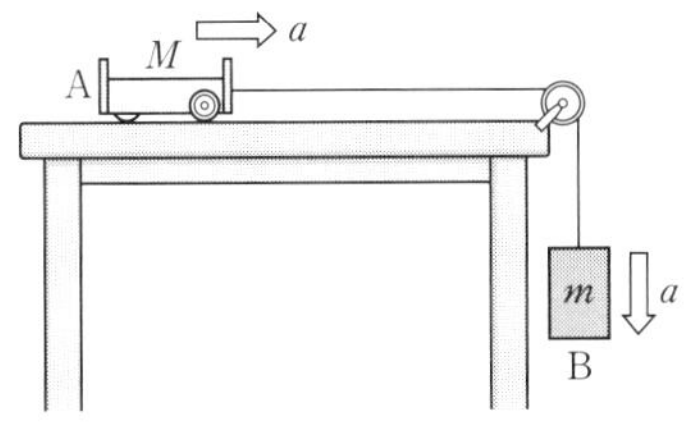

(1) 糸の張力の大きさをT〔N〕，生じる加速度の大きさをa〔m/s^2〕として台車A，おもりBそれぞれの運動方程式を立てよ。

(2) $M = 5.0$ kg，$m = 2.0$ kg，$g = 9.8$ m/s^{2}として，台車AとおもりBに生じる加速度の大きさはいくらか。

(3) 糸の張力の大きさはいくらか。

アドバイス

◂◂◂『軽い糸』
糸の質量は無視してよいという意味である。

◂◂◂(1) AとBは同じ加速度で一体となって運動していると考えてよい。

◂◂◂(2) 糸の張力は，台車Aが受ける力と等しい。

◂◂◂『静かに』
初速度0でという意味である。

◂◂◂(1) 台車Aには張力が，おもりBには重力と張力がはたらく。

16 いろいろな力を受ける運動

✓ 重要事項マスター

1 動摩擦力を受ける物体の運動　　次の(　　)に適当な語句，式を入れよ。

あらい水平面上に置かれた質量 m〔kg〕の物体に大きさ F〔N〕の水平な力を加えて物体を動かした。水平面に置かれた物体には，大きさ mg〔N〕の重力と大きさ N〔N〕の垂直抗力がはたらくが，物体は鉛直方向には動かないので，これらの力はつりあっている。

よって，N =(1　　　　)　　…①

物体は水平方向に動いており，水平面には摩擦があるので，物体は(2　　　)摩擦力を受ける。この力の大きさを F'〔N〕とする。

F'〔N〕は(2　)摩擦力の式から，(2　)摩擦係数を μ' とすると，F' =(3　　　　　　)

ここで式①を代入すると，F' =(4　　　　　　)

次に，この物体の水平方向の運動方程式を考える。

加えた力 F の向きを正の向きとし，物体に生じる加速度を a〔m/s^2〕とすると，

運動方程式は $ma = F - F'$ =(5　　　　　　　　　)となる。

2 空気の抵抗を受けて落下する物体の運動　　次の(　　)に適当な語句を入れよ。

空気中を運動する物体は，空気の抵抗を受ける。高いところから落下してくる雨滴は地表付近では，この抵抗のため数メートル毎秒の速さとなる。

空気の抵抗力の向きは物体の速度の向きと(1　　　　)向きである。初速度 0 m/s で落下する雨滴が受ける空気の抵抗力の大きさは，雨滴の速度が増すにつれて(2　　　　　)なる。そして，十分な時間が経過したとき，その大きさは重力と大きさが(3　　　　　)なる。このとき，加速度が 0 になる。

空気の抵抗力の大きさが重力と大きさが(3　)なると，雨滴は加速せず，(4　　　　　　　　)運動をはじめる。このときの雨滴の速度を，(5　　　　　)速度という。

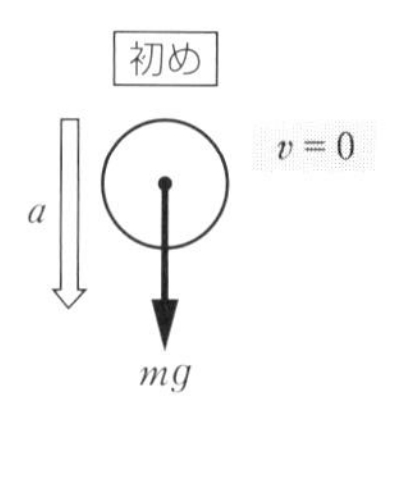

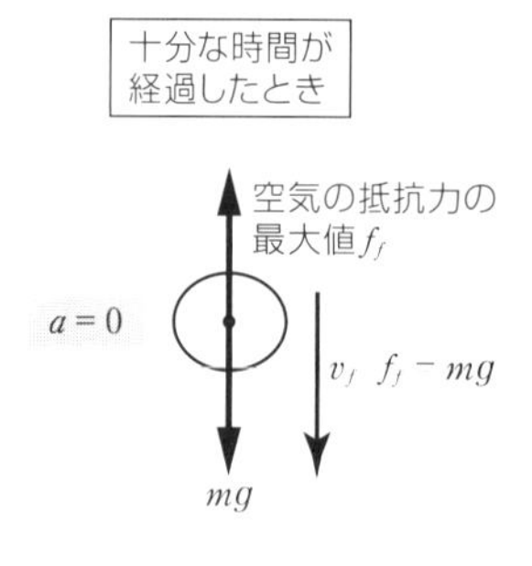

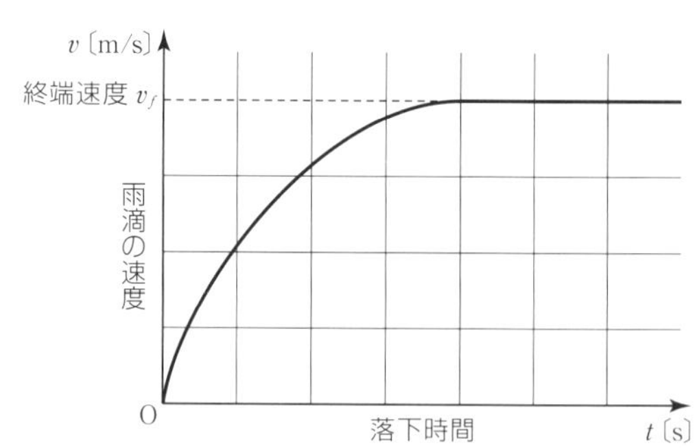

Exercise

1 **動摩擦力を受ける物体の運動** あらい水平面上の質量 10 kg の物体に水平に力を加え，その力を徐々に大きくしていった。加える力がある値を超えたときに，物体は動き始めた。物体と面との間の動摩擦係数を 0.20，重力加速度の大きさを 9.8 m/s^2 とする。

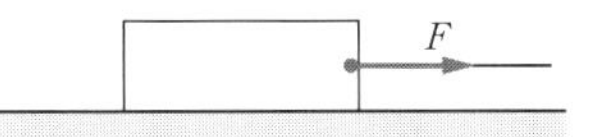

(1) 物体にはたらく垂直抗力の大きさはいくらか。

(2) 加える力の大きさ F が 42 N のとき，物体にはたらく動摩擦力の大きさと物体の加速度の大きさはいくらか。

2 **空気の抵抗を受けて落下する物体の運動** 初速度 0 m/s で空気中を落下する雨滴の速度は右の図のようになる。重力加速度の大きさを 9.8 m/s^2 とする。

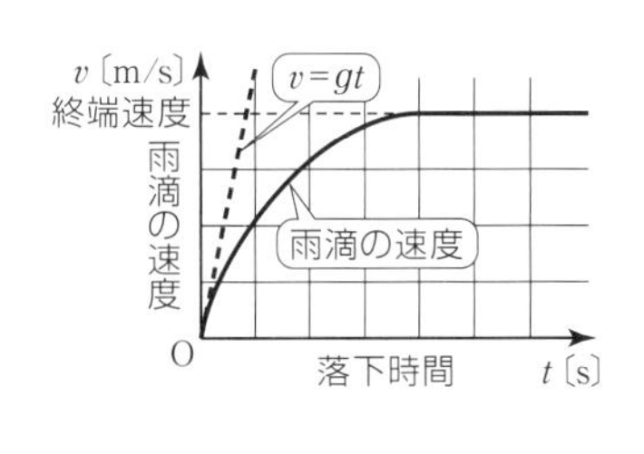

(1) 雨滴が落ち始めたときの加速度の大きさはいくらか。

(2) 雨滴が終端速度に達したときの加速度の大きさはいくらか。

(3) 図の雨滴よりも質量の大きい雨滴が落下するとき，終端速度はどのようになるか。

アドバイス

◂◂◂ (1) 物体は水平方向にのみ運動するので，鉛直方向にはたらく力はつりあっている。

◂◂◂ (2) 動摩擦力を求めるには，
$F' = \mu' N$
を用いる。
動摩擦力は物体の運動の向きとは逆向きにはたらいている。このときの運動方程式を立てる。

◂◂◂ (1) 落ち始めは，空気の抵抗力は 0 と考えてよい。

◂◂◂ (2) 終端速度に達したときは，重力と空気の抵抗力がつりあったときである。つまり，合力＝0 となっている。

◂◂◂ (3) 重力と空気の抵抗力がつりあったときの，空気の抵抗力の大きさを考える。

17 仕事とエネルギー

✓ 重要事項マスター

1 仕事とは何か　　次の(　　)に適当な語句，数値，式を入れよ。

(1)　物体に力を加えて，その力の向きに物体を動かすことを，力は物体に(1　　　　)をしたという。

(2)　水平面上で物体に一定の大きさ F〔N〕の力を加えて，物体をその力の向きに x〔m〕動かしたとする。この場合，力のした仕事 W〔J〕は，

　　$W=$ (2　　　　)

となる。

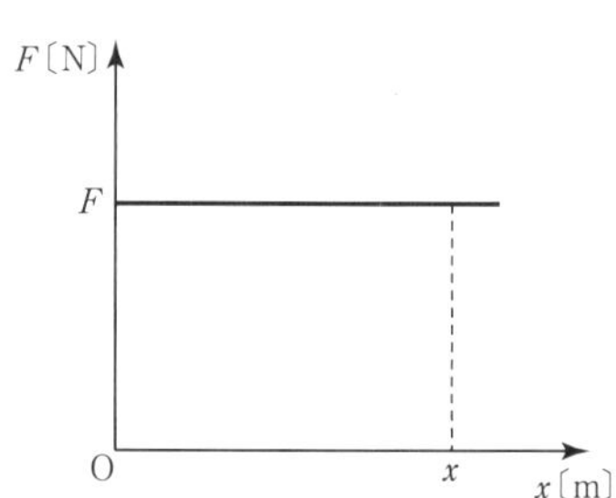

(3)　縦軸を力 F，横軸を移動距離 x とした $F-x$ グラフは，右図のようになり，このグラフの面積は，力のした(3　　　　)を表す。

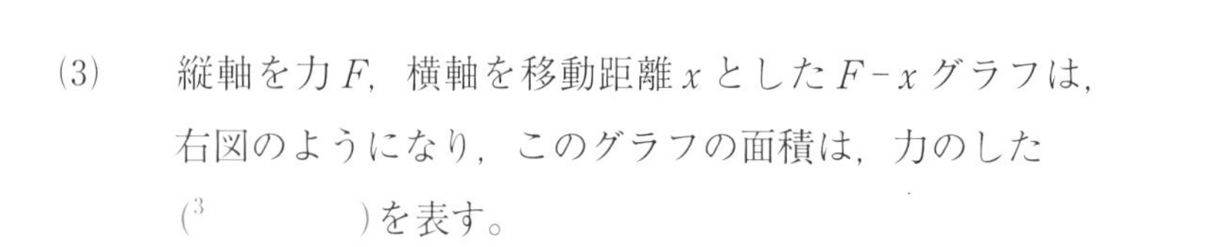

(4)　力を加えても，物体を動かしていない場合は，力のした仕事は(4　　)J となる。

2 力と運動の向きが異なる場合の仕事　　次の(　　)に適当な語句，数値，式を入れよ。

(1)　図のように，一定の大きさ F〔N〕の力を水平方向より角 θ 傾けて加えて，水平方向に x〔m〕物体を動かす。力の水平方向の分力の大きさを F_x〔N〕とすると，力のする仕事 W〔J〕は，

　　$W=$ (1　　　　　　)

となる。

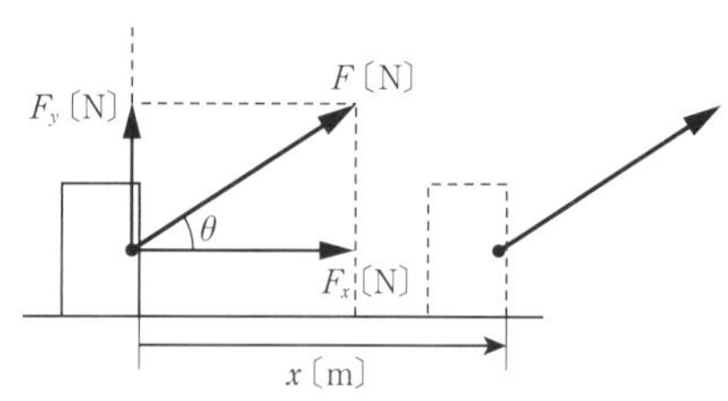

(2)　力を運動方向と運動に垂直な方向に分解すると，運動に垂直な方向の分力がする仕事は(2　　　　　　)〔J〕となる。

(3)　摩擦力が物体に仕事をするとき，物体の移動の向きと力の向きが(3　　　)になり，摩擦力がする仕事は(4　　)となる。

Exercise

1 **仕事** 次の場合において，仕事を求めよ。

(1) 物体に，2.0 N の力を加えて，力の向きに 0.50 m 動かした。力のした仕事を求めよ。

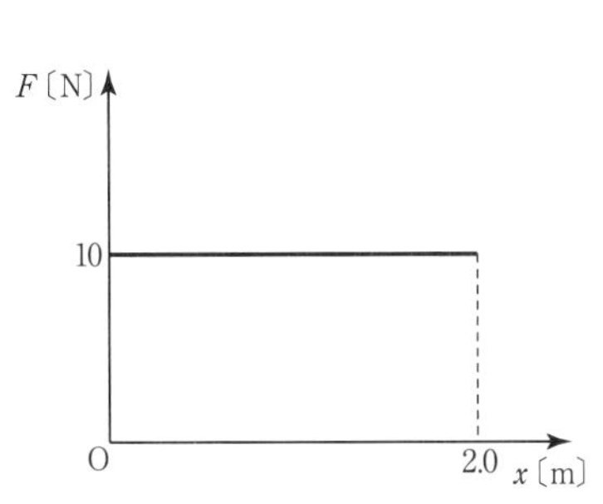

(2) 物体に力を加えて，力の向きに動かした。その F-x グラフは図のようになった。力のした仕事を求めよ。

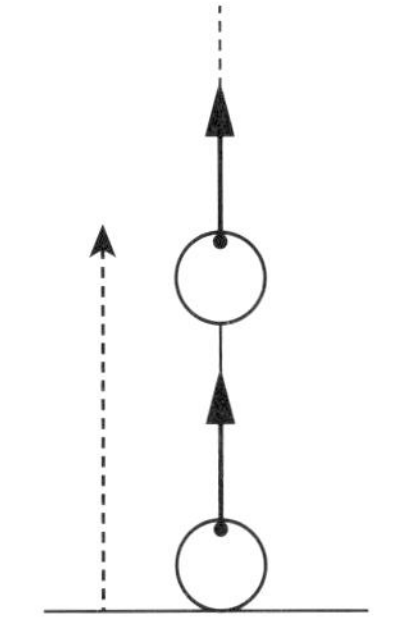

(3) 質量 0.50 kg の物体に糸を取り付け，上向きの力を加えてゆっくり 0.40 m 動かした。力のした仕事を求めよ。ただし，重力加速度の大きさを 9.8 m/s^2 とする。

2 **力と運動の向きが異なる場合の仕事** 次の場合において，仕事を求めよ。ただし，$\sqrt{3}=1.73$，$\sqrt{2}=1.41$ とする。

(1) 大きさ 4.0 N の力を水平面から 30° 傾けて物体に加え，物体を水平方向に 3.0 m 動かした。力のした仕事を求めよ。

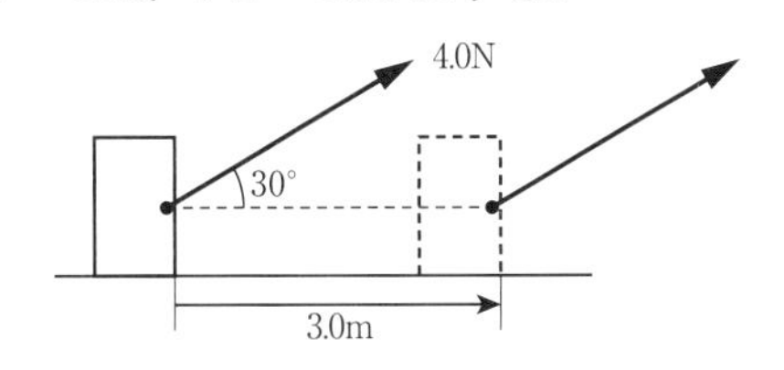

(2) 首輪にひもを取り付けた犬と散歩した。図のように，犬が進もうとするのに対して，水平面から 45° 傾けて，50 N の大きさの力を加えた。犬が 2.0 m 動いた場合，力のした仕事を求めよ。

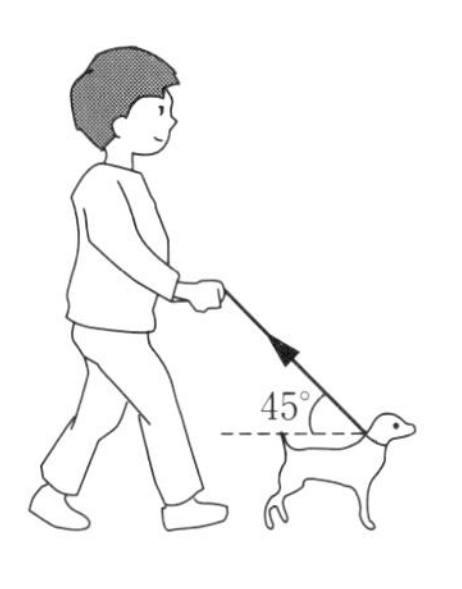

(3) あらい面上を物体が右向きに進んでいる。この物体にはたらく動摩擦力は 2.0 N である。物体が 3.0 m 進んだとき，動摩擦力のした仕事を求めよ。

アドバイス

◂◂◂ (1) 力の向きと動かす向きが同じ場合，仕事は $W=Fx$ で表される。

◂◂◂ (3) ゆっくり動かす場合，重力に対してつりあう力を加えている。

◂◂◂ (1) 直角三角形の辺の比 $1:2:\sqrt{3}$ を用いて，物体の動いた方向の分力を求め，仕事の式に代入する。

◂◂◂ (2) 直角三角形の辺の比 $1:1:\sqrt{2}$ を用いて，仕事をする分力を求める。この力が犬の進む向きと逆向きとなることに注意して，仕事の式に代入する。

◂◂◂ (3) 動摩擦力のする仕事は負になる。

18 仕事の性質と仕事率

✓ 重要事項マスター

1 仕事の性質　次の(　　)に適当な語句，式を入れよ。

(1)　そのままもち上げることができないくらい質量の大きい物体を運ぶのに，昔の人々は工夫した([1]　　　　)を用いてきた。

(2)　道具を用いることで，物体を動かすのに必要な([2]　　　　)を小さくできる。

(3)　図1のように，高さ h〔m〕まで質量 m〔kg〕の物体をゆっくり引き上げる場合，直接引き上げるのに必要な力の大きさは，重力加速度の大きさを g〔m/s^2〕とすると，([3]　　　　)〔N〕となる。仕事 W_1〔J〕は，([4]　　　　)〔J〕となる。

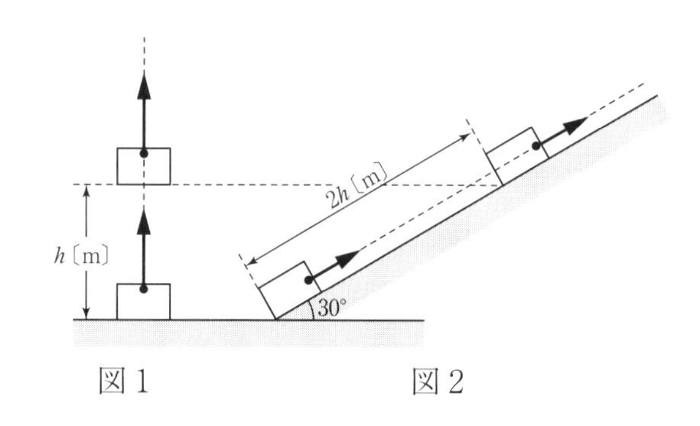

図1　　図2

(4)　図2のように，角度30°の斜面を用いた場合，必要な力の大きさは([5]　　　　)〔N〕となる。仕事 W_2〔J〕は，物体を引き上げる距離が $2h$〔m〕であるため([6]　　　　)〔J〕となる。

(5)　(3)，(4)の結果より，「([7]　　　　)を用いれば，必要な([8]　　　　)を小さくすることはできるが，([9]　　　　)の量は変化しない」ことがわかる。

2 仕事率　次の(　　)に適当な語句，式を入れよ。

(1)　物体をある高さまで一定の速さでもち上げる場合を考える。速くてもゆっくりもち上げても，([1]　　　　)の量は同じである。

(2)　単位時間あたりにする仕事を表す量を([2]　　　　)という。

(3)　時間 t〔s〕間で，W〔J〕の仕事をした場合，仕事率は $P=$ ([3]　　　　)となる。

(4)　仕事率の単位は([4]　　　　)(ワット)である。

Exercise

1 **道具を用いたときの仕事**　図のように，30° の斜面に，質量 1.0 kg の物体を置いた。ただし，重力加速度の大きさを 9.8 m/s^2 とする。

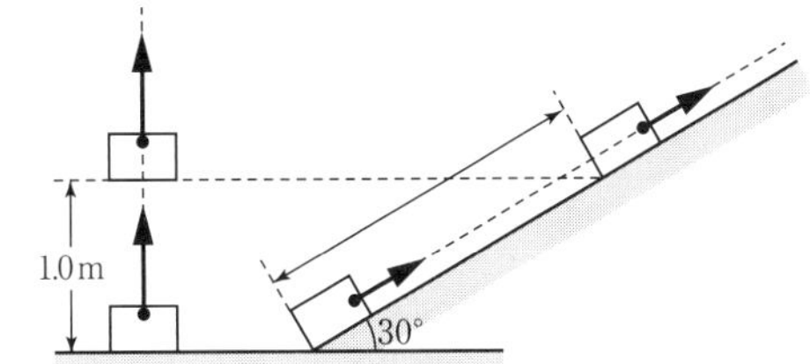

(1)　物体にはたらく重力の大きさはいくらか。

(2)　物体を斜面に沿ってゆっくり引き上げたい。引き上げるのに必要な力の大きさを求めよ。

(3)　斜面を用いて，高さ 1.0 m まで引き上げたい。斜面上で物体をどれだけ動かせばよいか。

(4)　斜面を用いて 1.0 m の高さまで引き上げるのに力のした仕事を求めよ。

(5)　物体を直接 1.0 m 引き上げるのに必要な仕事を求めよ。

2 **仕事率**　次の問いに答えよ。

(1)　80 J の仕事をするのに，5.0 s 間かかった。このときの仕事率を求めよ。

(2)　5.0 W の仕事率で 12 s 間の仕事をした。この間にした仕事を求めよ。

3 **仕事率と速度**　ある物体に，水平方向に大きさ 4.0 N の力を加えて，力の向きに一定の速さ 2.0 m/s で動かした。

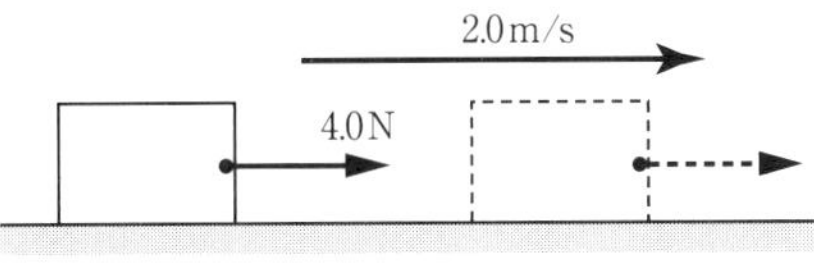

(1)　物体を 2.0 s 間動かした場合の加えた力のした仕事を求めよ。

(2)　加えた力のした仕事の仕事率を求めよ。

アドバイス

◂◂◂ (2)　重力の斜面方向の分力と大きさの等しい力を加えれば，斜面に沿ってゆっくり動かせる。

◂◂◂ (3)　直角三角形の辺の比 1 : 2 : $\sqrt{3}$ より考える。

◂◂◂ (5)　(4)の結果と比較

◂◂◂ (1)　仕事率の式に代入する。

◂◂◂ (2)　仕事率の式を変形して代入する。

◂◂◂ (1)　2.0 s 間の移動距離を考える。

◂◂◂ (2)　$P=\frac{W}{t}$ または $P=Fv$ より求める。

19 運動エネルギー

✓ 重要事項マスター

1 仕事とエネルギーの関係　次の(　　)に適当な語句を入れよ。

(1)　物体が，他の物体に([1]　　　　)をする能力をもつ場合，「その物体はエネルギーをもっている」という。

(2)　エネルギーの単位は仕事の単位と同じく([2]　　　　)である。

2 運動エネルギー　次の(　　)に適当な語句，数値，式を入れよ。

(1)　動いている物体がもつエネルギーのことを，([1]　　　　　　　　)という。

(2)　運動エネルギーの単位は，仕事と同じ([2]　　　　)である。

(3)　質量 m〔kg〕の物体 A が速さ v〔m/s〕で動いている場合，この物体のもつ運動エネルギーは，([3]　　　　　)〔J〕である。

(4)　質量や速さが大きいほど，運動エネルギーの値は([4]　　　　)。

(5)　質量が等しい2つの物体において，速さが3倍だと，運動エネルギーは([5]　　　　)倍となる。

(6)　同じ速さの2つの物体でも，質量が2倍だと物体の運動エネルギーは([6]　　　　)倍となる。

3 運動エネルギーと仕事　次の(　　)に適当な語句，数値を入れよ。

(1)　物体に仕事をする。仕事をした後の運動エネルギーは物体がされた仕事の分だけ([1]　　　　)することになる。

(2)　物体が正の仕事をされた場合，物体のもつ運動エネルギーは最初に比べて([2]　　　　)する。

(3)　物体が負の仕事をされた場合，物体のもつ運動エネルギーは最初に比べて([3]　　　　)する。

(4)　静止した物体に 100 J の仕事をすると，物体のもつ運動エネルギーは([4]　　　　)J になる。

Exercise

1 **運動エネルギー** 質量 1.0×10^3 kg の自動車が 36 km/h で動いている。次の問いに答えよ。

(1) 36 km/h は，何 m/s か求めよ。

(2) この自動車の運動エネルギーを求めよ。

(3) この自動車の速さを 54 km/h にした。この場合の自動車の運動エネルギーは，最初に比べて何倍になったか。

(4) この自動車に，2.0×10^2 kg の質量の物体をのせて，36 km/h で進んだ。この場合の自動車の運動エネルギーは，最初に比べて何倍になったか。

アドバイス

◂◂◂ (1) 1 m/s = 3.6 km/h

◂◂◂ (2)(3)(4) 運動エネルギーは $K = \frac{1}{2}mv^2$ で求められる。

2 **運動エネルギーの変化と仕事** なめらかな水平面で質量 1.0 kg の静止している物体に，5.0 N の力を図のように右向きに 0.40 m 動かしている間加えた。

(1) 力のした仕事を求めよ。

(2) 0.40 m 動かした後の物体の速さを求めよ。

1.0kg 5.0N 0.40m

◂◂◂ (1) 力のした仕事は $W = Fx$

◂◂◂ (2) 仕事の分だけ運動エネルギーは増加する。

3 **負の仕事の運動エネルギー** 質量 2.0 kg の物体に，10 m/s の初速度を与えたところ，物体には 9.0 N の大きさの動摩擦力がはたらき，減速した。

(1) 4.0 m 進んだ場合，動摩擦力のした仕事を求めよ。

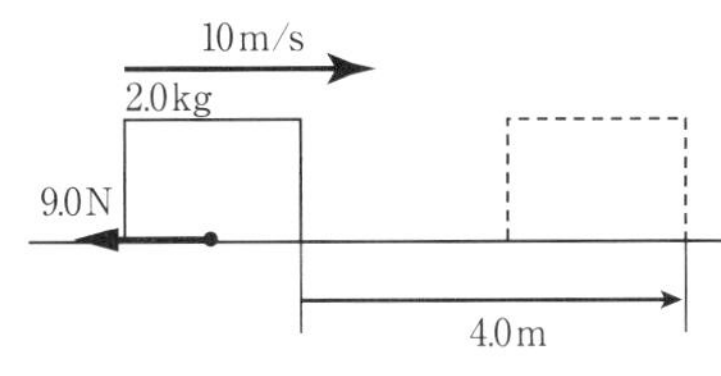

(2) 4.0 m 進んだ後の，物体の速さを求めよ。

◂◂◂ (1) 動摩擦力は負の仕事をする。

(2) 負の仕事の分だけ運動エネルギーは減少する。

20 位置エネルギー

✓ 重要事項マスター

1 重力による位置エネルギー 次の(　)に適当な語句，式を入れよ。

(1) 高いところにある物体は，([1]　　　)を受けて落下する際に，他の物体に([2]　　　)をすることができる。

(2) (1)より，高いところにある物体は([3]　　　)をもつといえる。このエネルギーのことを，([4]　　　)という。

(3) 重力による位置エネルギーにおける高さを考える際に([5]　　　)を決めなくてはならない。この決め方は([6]　　　)である。

(4) 質量 m〔kg〕の物体が，基準面より高さ h〔m〕の位置にある場合，重力加速度の大きさを g〔m/s^2〕とすると，重力による位置エネルギー U〔J〕は $U=$([7]　　　)となる。

(5) 物体が基準面より上方に位置する場合には重力による位置エネルギーは([8]　　　)の値，下方に位置する場合には([9]　　　)の値となる。

2 弾性力による位置エネルギー 次の(　)に適当な語句，式を入れよ。

(1) 変形したばねはもとに戻ろうとして，他の物体に力を及ぼすことができる。したがって，変形したばねは，([1]　　　)をすることができる。

(2) ばねのような変形した弾性体が他の物体に及ぼす力のことを([2]　　　)という。

(3) ばねを伸ばしたり縮めたりしたとき，ばねにつながれた物体がもっているエネルギーのことを，([3]　　　)という。

(4) ばね定数 k〔N/m〕のばねを自然の長さから x〔m〕伸ばすのに，必要な仕事 W〔J〕は $W=$([4]　　　)となる。

(5) (4)より，ばね定数 k〔N/m〕のばねを自然の長さから x〔m〕伸ばした際に，ばねのもつ弾性力による位置エネルギー U〔J〕は $U=$([5]　　　)となる。

Exercise

1 **重力による位置エネルギー** 図のように，地面より6.0 m 高いところにある質量 2.0 kg の物体について，次のように基準面を定めた場合の重力による位置エネルギーを求めよ。ただし，重力加速度の大きさを 9.8 m/s^2 とする。

(1) 1階を基準面とした場合

(2) 2階を基準面とした場合

(3) 4階を基準面とした場合

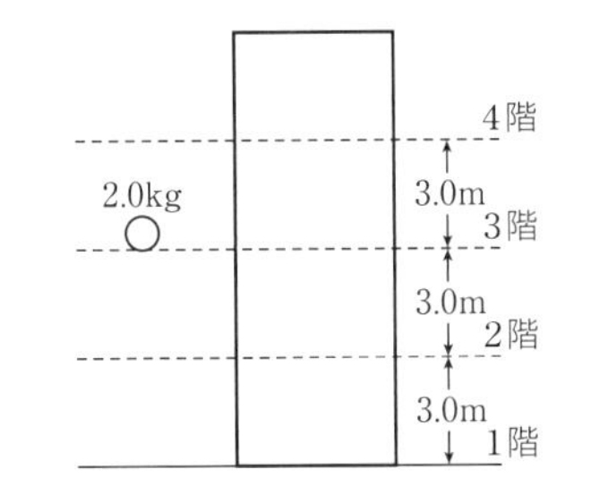

2 **重力による位置エネルギー** 図のように質量 0.50 kg の物体が，地面から高さ 4.0 m の位置Aから，地面から 2.0 m の高さの位置Bまで落下した。ただし，重力加速度の大きさを 9.8 m/s^2 とする。

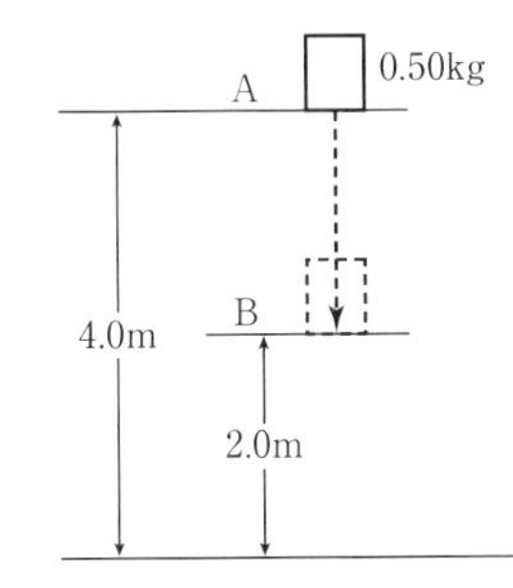

(1) 重力のした仕事 W を求めよ。

(2) 地面を基準面とし，位置Aにおける重力による位置エネルギーを U_A〔J〕，位置Bにおける重力による位置エネルギーを U_B〔J〕とするとき，重力による位置エネルギーの変化 $U_A - U_B$ を求めよ。

3 **弾性力による位置エネルギー** 図のように，ばね定数 80 N/m のばねに質量 0.50 kg の物体を取り付けた。

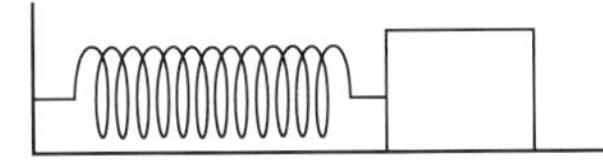

(1) ばねを自然の長さより 0.20 m 引き伸ばした場合，弾性力による位置エネルギー U_1〔J〕を求めよ。

(2) ばねを自然の長さより 0.40 m 引き伸ばした場合，弾性力による位置エネルギー U_2〔J〕を求めよ。

(3) (2)の状態から自然の長さに戻るまでに，ばねが物体にした仕事を求めよ。

アドバイス

◂◂◂ 重力による位置エネルギーは $U = mgh$ で表される。基準面より，物体が高い位置では正，低い位置では負となる。

◂◂◂ 重力のした仕事の分だけ重力による位置エネルギーは減少する。

◂◂◂ (1) 弾性力による位置エネルギーは $U = \frac{1}{2}kx^2$ となる。

◂◂◂ (3) ばねがした仕事の分だけ弾性力による位置エネルギーは減少する。

21 力学的エネルギー保存の法則

✓ 重要事項マスター

1 力学的エネルギー保存の法則 次の(　　)に適当な語句を入れよ。

(1) 物体のもつ運動エネルギーと位置エネルギーの和を([1]　　　　　　　　)という。

(2) 鉛直下向きの落下運動について考える。質量 m〔kg〕の物体にはたらく力が重力のみの場合，物体の力学的エネルギーは，つねに([2]　　　　　)となっている。
これを([3]　　　　　　　　　　　)という。

(3) ([4]　　　　)だけがはたらくような落下運動の場合には，力学的エネルギーはつねに一定の値となっている。

(4) なめらかな床の上で，ばね定数 k〔N/m〕のばねの一端を固定し，他端に質量 m〔kg〕の物体をとりつける。ばねが自然の長さから伸びるように物体を引っ張り，静かに手を放した。手を放した後，物体に仕事をするのは([5]　　　　　)のみである。弾性力だけが仕事をする場合も([6]　　　　　　　　　)は保存される。

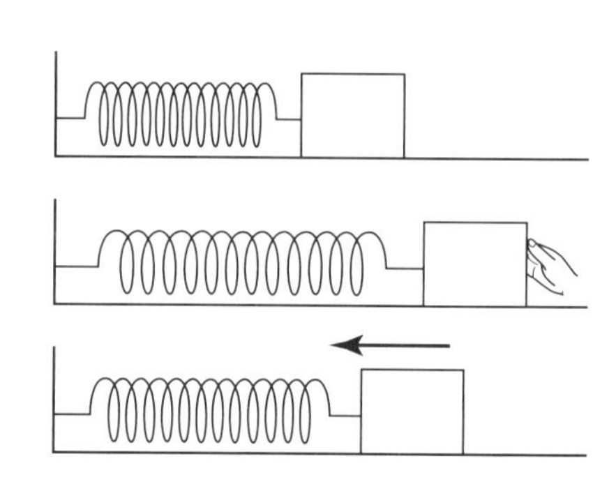

(5) 一般に，([7]　　　　)や([8]　　　　　)のみが仕事をしている場合，次のことがなりたつ。
(([9]　　　　)エネルギー)＋(([10]　　　　)エネルギー)＝([11]　　　　　)

(6) なめらかな曲面上を動くジェットコースターには([12]　　　　)と([13]　　　　　)がはたらいているが，([13]　)は運動方向に対して向きがつねに([14]　　　　)なので，([15]　　　　)をしない。したがって，なめらかな曲面上での運動においても，力学的エネルギーが保存される。

2 摩擦力がはたらく場合の力学的エネルギー 次の(　　)に適当な語句を入れよ。

(1) 動摩擦力が仕事をする場合，その仕事の分だけ，([1]　　　　　　　　　)が変化する。

(2) 空気中での振り子の運動は，やがて，振れ幅が小さくなる。これは，([2]　　　　　　　)がおもりに負の仕事をしているので，力学的エネルギーが([3]　　　　　)しているためである。

Exercise

1 **力学的エネルギー保存の法則** 質量 0.50 kg の物体を地面より 2.5 m の高さから静かに落下させた。ただし，地面を重力による位置エネルギーの基準面とし，重力加速度の大きさを 9.8 m/s^2 とする。

(1) 最初の位置で物体のもつ重力による位置エネルギーは何 J か。

(2) 物体が地面に衝突する直前の物体の速さは何 m/s か求めよ。

2 **力学的エネルギー保存の法則** 図のようになめらかな曲面を，質量 m〔kg〕の物体を H〔m〕の高さから v〔m/s〕の速さで落下させた。ただし，重力による位置エネルギーの基準面を図のようにし，重力加速度の大きさを g〔m/s^2〕とする。

(1) 最初の位置で物体のもつ力学的エネルギーは何 J か。

(2) 物体が最下点を通過する際の速さは何 m/s か求めよ。

(3) 最下点を通過後，物体が到達する高さは何 m か求めよ。

3 **力学的エネルギー保存の法則** 図のように，なめらかな水平面上で質量 0.50 kg の物体を速さ 2.0 m/s で運動させた。

(1) この物体の運動エネルギーは何 J か。

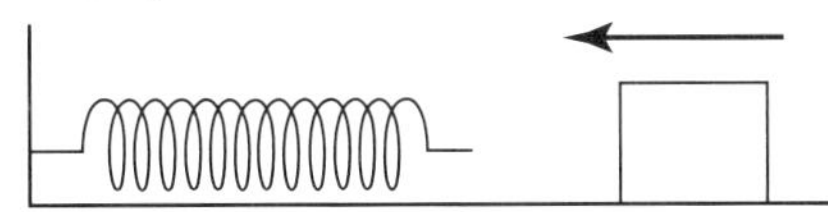

(2) 物体はばね定数が 50 N/m のばねと衝突した。ばねは，最大で何 m 縮むか。

4 **摩擦力がはたらく場合の力学的エネルギー** 図のように，質量 m〔kg〕の物体を h〔m〕の高さから，静かにすべらせる。摩擦のある面に入ると，物体は F〔N〕の大きさの力を受ける。物体は何 m すべった後に静止するか。ただし，重力加速度の大きさを g〔m/s^2〕とする。

アドバイス

◂◂◂ **1** (2) 位置エネルギーが運動エネルギーに変換されると考えればよい。

◂◂◂ **2** (1) 運動エネルギーと位置エネルギーの和を求める。

◂◂◂ **2** (2) (1)のエネルギーが運動エネルギーに変換される。

◂◂◂ **2** (3) (1)のエネルギーが位置エネルギーに変換される。

◂◂◂ **3** (2) 運動エネルギーがばねの弾性力による位置エネルギーに変換される。

◂◂◂ **4** 最初にもっていた力学的エネルギーが動摩擦力により減少する。

22 熱と温度

✓ 重要事項マスター

1 物質の三態と熱運動　次の(　　)に適当な語句を入れよ。

(1)　物質の固体，液体，気体の三つの状態を(1　　　　　　　　　　)という。温度や圧力などによって，物質の状態は定まる。

(2)　物質内部の原子や分子は，状態によって結びつき方が異なるが，つねに(2　　　　　　　)とよばれる乱雑な運動をしている。

(3)　日常では，(3　　　　　　)を温かさ，冷たさの度合いを表すものとして使っているが，物理では熱運動の激しさを表すものとしても用いる。

2 温度の表し方　次の(　　)に適当な語句，数値，式を入れよ。

(1)　セ氏温度(セルシウス温度)は，1気圧のもとで氷が溶ける温度を(1　　　　　)℃，水が沸騰する温度を(2　　　　　)℃としてつくられたものである。

(2)　(3　　　　　)℃より低い温度は存在しない。この温度を(4　　　　　　　)といい，この温度を基準とした温度の表し方を(5　　　　　　　　)という。単位はケルビン(記号K)である。

(3)　絶対温度 T〔K〕とセ氏温度 t〔℃〕の間には，$T=$(6　　　　　　　　　)の関係がある。

3 熱と熱量，状態変化と潜熱　次の(　　)に適当な語句を入れよ。

(1)　温度の異なる物体を接触させておくと，両者の熱運動の激しさが均一になっていく。このとき移動したエネルギーのことを(1　　　　　　　)といい，単位は(2　　　　　　　)である。

(2)　固体から液体，液体から気体のように状態変化するときに出入りする熱のことを(3　　　　　)という。固体が液体になるときの熱を(4　　　　　　　　)，液体が気体になるときの熱を(5　　　　　　　)という。

Exercise

1 **セ氏温度と絶対温度** 絶対温度とセ氏温度について次の問いに答えよ。

(1) セ氏温度で 30 ℃ は絶対温度で何 K か。

(2) 絶対温度で 300 K はセ氏温度で何 ℃ か。

(3) 1気圧中で氷の溶ける温度は何 K か。

(4) 絶対零度はセ氏温度で何 ℃ か。

(5) セ氏温度での温度差が 10 ℃ のとき，絶対温度での温度差は何 K か。

アドバイス

◂◂◂ 絶対温度 T〔K〕とセ氏温度 t〔℃〕の関係を考える。

2 **温度と熱運動** 次の(　　)に適当な語句を入れよ。

高温物体 A と低温物体 B を接触させる。高温物体 A の分子は，低温物体 B の分子より運動が(①　　　)。分子同士が衝突することで，エネルギーが変化し，高温物体の運動エネルギーは(②　　　)し，低温物体の運動エネルギーは(③　　　)する。よって，高温物体の温度は(④　　　)し，低温物体の温度は(⑤　　　)する。

◂◂◂ 温度は，構成している分子の熱運動の激しさを表す。

3 **潜熱** 150 gの氷に1 s 間に 1.0×10^3 J の熱量を加え，温度を測定したところ，図のような，時間と温度のグラフになった。

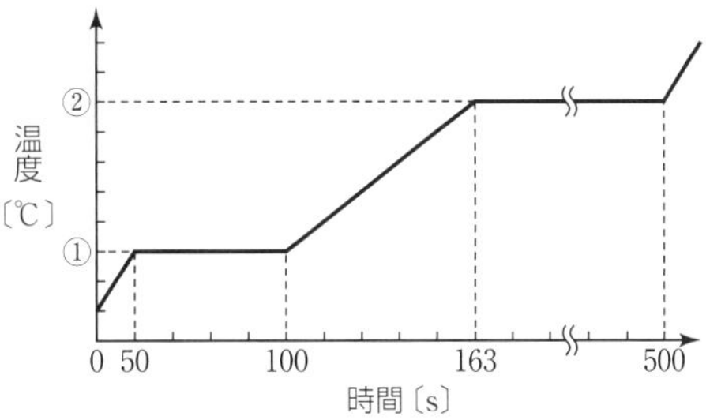

温度〔℃〕
②
①
0 50 100 163 500
時間〔s〕

(1) ①，②の温度を求めよ。

(2) この氷を水に変えるのに必要な熱量は，何 J になるか。

(3) 水を水蒸気に変えるのに必要な熱量は，何 J になるか。

◂◂◂ (1) 熱を加えると，温度変化または状態変化に使われる。温度が変化しない場合，状態変化に使われる。

23 熱容量と比熱

✓ 重要事項マスター

1 熱容量　次の(　　)に適当な語句，式を入れよ。

(1)　物体に([1]　　)を加えると，物体の温度は上昇する。物体の温度を1K変化させるのに必要な熱量のことを([2]　　　　)という。([2]　)の単位は，([3]　　　)である。

(2)　熱量 Q〔J〕を加えたところ，熱容量 C〔J/K〕の物体は温度が ΔT〔K〕上昇した。この場合，$Q=$ ([4]　　　)の関係がある。

(3)　熱容量の大きい物体は，同じ熱量を加えたときに([5]　　　　　)が変化しにくいといえる。

2 比熱　次の(　　)に適当な語句，式を入れよ。

(1)　物体の温度を上げるとき，物体の([1]　　　　　)が大きいほど，そして([2]　　　　　)の変化量が大きいほど，必要な熱量も大きい。

(2)　単位質量の物質の温度を1K変化させるのに必要な熱量を([3]　　　　　　　　)という。([3]　)の単位は([4]　　　　　　)などを用いる。

(3)　比熱 c〔J/(g·K)〕の物質でできた質量 m〔g〕の物体の温度を ΔT〔K〕変化させるのに必要な熱量 Q〔J〕は，$Q=$ ([5]　　　　　　)となる。

(4)　比熱 c〔J/(g·K)〕の物質だけでできている質量 m〔g〕の物体の熱容量 C〔J/K〕は，$C=$ ([6]　　　　　)となる。

3 熱の移動　次の(　　)に適当な語句を入れよ。

(1)　高温の物体と低温の物体を接触させると，高温の物体から低温の物体に([1]　　　　　)が移動する。

(2)　(1)の場合，外部との熱のやりとりがなければ，([2]　　　　　)の物体が得た熱量と([3]　　　　　)の物体が失った熱量は等しい。

Exercise

1 **熱容量** 金属球に 200 J の熱量を加えたところ，この金属球の温度が10 ℃ 上昇した。

(1) この金属球の熱容量を求めよ。

(2) この金属球の温度を 30 ℃ 上昇させるのに必要な熱量を求めよ。

2 **比熱** 質量 50 g のある物質からなる物体に，475 J の熱量を加えたところ，この物体の温度が 25 ℃ 上昇した。

(1) この物体の熱容量を求めよ。

(2) この物体を構成している物質の比熱を求めよ。

3 **熱容量と比熱** 質量が 50 g，比熱が 4.2 J/(g·K)の水の熱容量を求めよ。

4 **熱の移動** 温度が 10 ℃ で質量 200 g の水の中に，温度が 60 ℃ で質量 40 g のお湯を入れた。混ぜた後の全体の温度は何 ℃ になるか求めよ。ただし，水の比熱は 4.2 J/(g·K)であり，熱は水とお湯のみで受け渡されるものとする。

アドバイス

◂◂◂ 物体の温度変化を ΔT〔K〕，加えた熱量を Q〔J〕，熱容量を C〔J/K〕とすると，$Q=C\Delta T$ となる。

◂◂◂ 質量を m〔g〕，温度変化を ΔT〔K〕，加えた熱量を Q〔J〕，比熱を c〔J/(g·k)〕とすると，$Q=mc\Delta T$ となる。

◂◂◂ 熱の移動は，(高温物体の失った熱量)＝(低温物体の得た熱量)である。$Q=mc\Delta T$ を用いる。

24 熱と仕事

✓ 重要事項マスター

1 内部エネルギー 次の(　)に適当な語句を入れよ。

(1) 物体を構成している原子・分子は，([1]　　　)していることより運動エネルギーをもつ。

(2) 物体を構成している原子・分子は，原子・分子間にはたらく力による([2]　　　)ももつ。

(3) 物体内部の原子や分子のもつ運動エネルギーや位置エネルギーの合計を，その物体の([3]　　　)という。

(4) 物体の([4]　　　)が高いほど，物体の内部エネルギーは大きい。

2 熱力学第一法則 次の(　)に適当な語句，式を入れよ。

(1) 物体の([1]　　　)を増やすには，熱という形態か仕事という形態でエネルギーを与えればよい。

(2) 物体に加えた熱量を Q〔J〕，物体が外部からされた仕事を W_{in}〔J〕，物体の内部エネルギーの変化を ΔU〔J〕とすると，$\Delta U =$ ([2]　　　)の関係がある。この関係を([3]　　　)という。

3 熱機関と熱効率，不可逆変化 次の(　)に適当な語句を入れよ。

(1) 熱を取り入れて仕事に変える装置を([1]　　　)という。熱機関がくり返し熱を仕事に変えるには，熱を受け取るだけでなく，熱を放出する過程が必要である。

(2) 高温熱源から受け取った熱量を Q_1〔J〕，低温熱源に放出する熱量を Q_2〔J〕，外部にした仕事 W_{out}〔J〕とすると，$e = \dfrac{W_{out}}{Q_1} = \dfrac{Q_1 - Q_2}{Q_1}$ で表される。e を熱機関の([2]　　　)という。

(3) 外部から操作をしないかぎりもとの状態に戻らない変化を([3]　　　)という。

Exercise

1 **熱力学第一法則** ある物体に熱量や仕事を加えることを考える。

(1) 物体に 100 J の熱量を加えたところ，外部に 30 J の仕事をした。内部エネルギーの増加は何 J か求めよ。

(2) 物体に 100 J の仕事をしたところ，外に熱を放出することはなかった。この物体の内部エネルギーの増加は何 J か求めよ。

2 **熱効率** 熱機関が，100 J の熱量を受け取り，外部に 20 J の仕事をした。

(1) 熱機関が外部に放出した熱量は何 J か求めよ。

(2) この熱機関の熱効率を求めよ。

3 **熱機関のする仕事** 熱効率が 0.20 の熱機関がある。この熱機関は 80 J の仕事をすることができる。

(1) 熱機関に与えた熱量は何 J か求めよ。

(2) 熱機関が外部に放出した熱量は何 J か求めよ。

4 **不可逆変化** 次の現象の中で不可逆変化をすべて選べ。

ア 空気抵抗のない振り子の運動

イ 高温物体と低温物体の接触

ウ 水の中にインクを 1 滴落とす

エ あらい水平面上での物体の運動

アドバイス

◂◂◂ 熱力学第一法則は，物体に加えた熱量を Q〔J〕，物体にした仕事を W_{in}〔J〕とすると，物体の内部エネルギーの変化 ΔU〔J〕は，$\Delta U = Q + W_{in}$ となる。

◂◂◂ (2) 受け取った熱量 Q_1〔J〕に対して，外部にした仕事 W_{out}〔J〕の割合を熱効率という。熱効率 e は，$e = \frac{W_{out}}{Q_1}$ で表される。

◂◂◂ 不可逆変化は，逆向きの変化が自然には生じないものである。

25 波の性質

✓ 重要事項マスター

1 波とは何か 次の(　　)に適当な語句を入れよ。

(1) 物質が進むのではなく，振動が次々と伝わる現象を([1]　　　　)という。

(2) 振動が起こったところを([2]　　　　)，波を伝える物質を([3]　　　　)という。

(3) 媒質の各点の変位を連ねてできる波の形を([4]　　　　)という。

(4) 波形の最も高いところを([5]　　　　)，最も低いところを([6]　　　　)という。

(5) 波形が山1つのような孤立した波を([7]　　　　)，山と谷が交互に何度もくり返される波を([8]　　　　)という。

2 波を特徴づける量と波の速さ 次の(　　)に適当な語句，数値，式を入れよ。

(1) 隣りあう山から山までの距離，あるいは谷から谷までの距離を([1]　　　　)という。

(2) 振動のつりあいの位置からのずれを([2]　　　　)といい，その最大値を([3]　　　　)という。

(3) 媒質が1回振動するのに要する時間を([4]　　　　)，1sあたりに媒質が振動する回数を([5]　　　　)という。

(4) 振動数f〔Hz〕と周期T〔s〕との間には次の関係$f=$([6]　　　　)がなりたつ。

(5) 波源が([7]　　　　)回振動する時間の間に波は1波長分だけ進む。

(6) 波の速さv〔m/s〕と，周期T〔s〕，波長λ〔m〕の間には，$v=$([8]　　　　)の関係がなりたち，波の速さv〔m/s〕と，振動数f〔Hz〕，波長λ〔m〕の間には，$v=$([9]　　　　)の関係がなりたつ。

Exercise

1 **波を表す量**　波を表す次の量について，空欄を埋めよ。

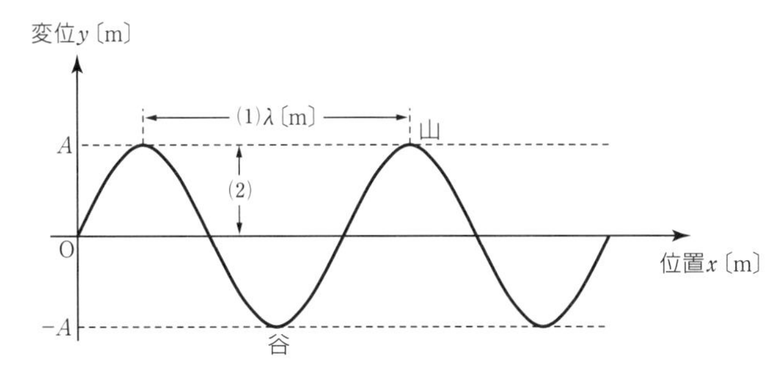

(1)　(　　　　)λ〔m〕：隣りあう山と山，または谷と谷の間の距離。

(2)　(　　　　)A〔m〕：媒質の変位の最大値で，山の高さ(または谷の深さ)。

(3)　(　　　　)T〔s〕：媒質が1回振動する時間。

(4)　(　　　　)f〔Hz〕：媒質が1s間に振動する回数。

アドバイス

◀◀◀ 横軸が位置，縦軸が変位の場合は，ある時刻の波形を表す。横軸が時間，縦軸が変位であれば，ある位置での媒質の振動の時間変化を表す。

2 **波形**　図は x 軸を正の向きに速さ 1.0 m/s で進む波の時刻 $t = 0$ s における波形である。次の問いに答えよ。

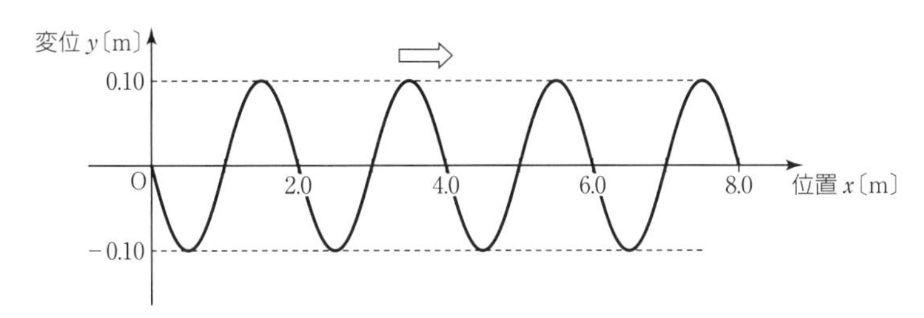

(1)　波の波長は何mか。

(2)　波の振幅は何mか。

(3)　波の振動数は何Hzか。

(4)　波の周期は何sか。

◀◀◀ (1)，(2)　図より，波長と振幅を求める。

◀◀◀ (3)　波の速さと波長より，振動数を求める。

26 横波と縦波

✓ 重要事項マスター

1 横波と縦波 次の(　　)に適当な語句を入れよ。

(1) 媒質の振動方向と波の進行方向が([1]　　　　)になっている波を横波という。

(2) 媒質の振動方向と波の進行方向が([2]　　　　)になっている波を縦波という。

(3) 縦波は，媒質のまばらな疎の部分と媒質の集まった密の部分が次々と伝わるので，([3]　　　　)ともいう。

(4) ([4]　　　　)は固体中を伝わるが，液体中や気体中を伝わることはない。一方，([5]　　　　)は固体・液体・気体中のいずれも伝わる。

(5) 地震波にはＰ波とＳ波がある。速く伝わる小さな揺れである([6]　　　　)波は縦波であり，遅れて到着する([7]　　　　)波は横波である。

2 縦波の横波表示 次の(　　)に適当な語句を入れよ。

(1) 縦波は媒質の各点におけるつりあいの位置を([1]　　　　)軸上にとる。媒質の各点のつりあいの位置からの変位を([2]　　　　)軸の変位にして表すとわかりやすい。

(2) 具体的には，図のように，x 軸正の向きの変位は y 軸([3]　　　　)の向きの変位に，x 軸負の向きの変位は y 軸([4]　　　　)の向きの変位として表し，変位を表す点をなめらかな線で結ぶ。

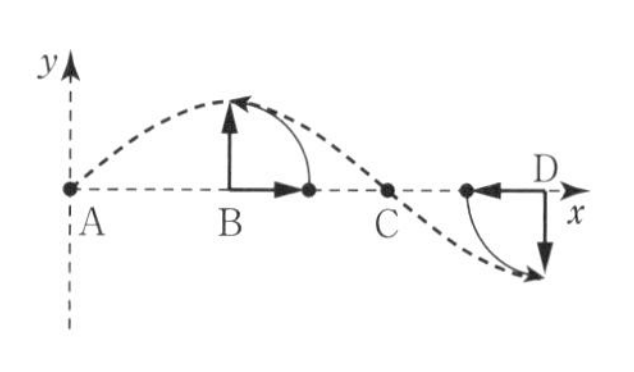

(3) (2)のように表したとき，変位 y の値が正から負の値になる点([5]　　　　)の部分は，密の部分である。

Exercise

1　縦波の表し方　つりあいの状態が図(ア)のようになっていた媒質が，図(イ)のように変位している。縦波を横波表示する。

(1)　つりあいの位置からの媒質の変位を矢印(→，←)で図(イ)上に表記せよ。

(2)　(1)で記入した変位を図(ウ)の x 軸上の，各媒質のつりあいの位置に記入せよ。

(3)　(2)の変位を，x 軸正の向きを y 軸正の向きに変換して記入せよ。

(4)　(3)で記入した y 軸の変位をなめらかにつないで，横波表示せよ。

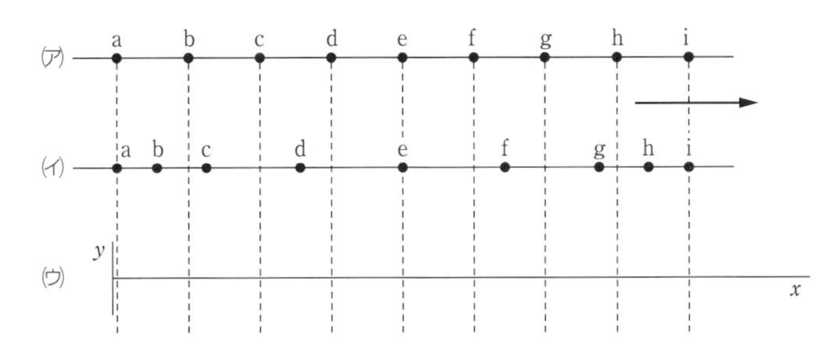

2　横波表示された縦波　図(ア)のように，x 軸正の向きに伝わる横波表示された縦波がある。

(1)　図(ア)の点 a ～ i で，変位を矢印(↑，↓)で表記せよ。

(2)　図(イ)に(1)の変位を，y 軸正の向きを x 軸正の向きに変換して，矢印(→，←)で記入せよ。

(3)　媒質が最も密になっている点を求めよ。

(4)　媒質が最も疎になっている点を求めよ。

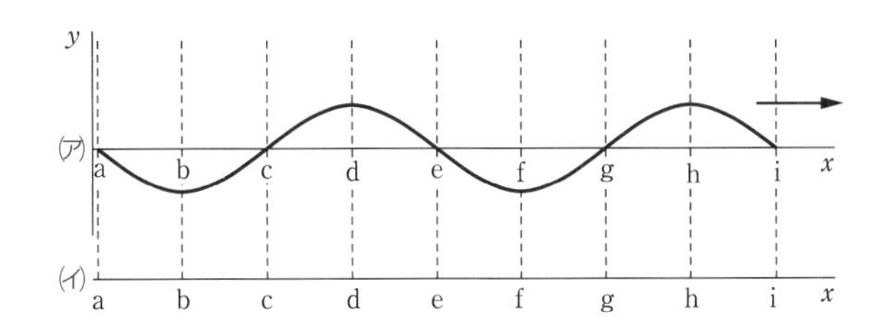

アドバイス

◂◂◂ 縦波を横波のように表示するのは，つりあいの位置からの変位を，x 軸上で調べ，それを反時計回りに 90° 回転させればよい。

◂◂◂ (1)，(2)　横波表示された縦波をもとの縦波にもどすには，y 軸の変位を求めて，それを時計回りに 90° 回転させればよい。

◂◂◂ (3)，(4)　最も密の部分，最も疎の部分は，縦波にもどした状態の方がわかりやすい。

27 波の重ねあわせの原理

✓ 重要事項マスター

1 波の独立性と重ねあわせの原理　次の(　　)に適当な語句，式を入れよ。

(1) 一直線上を左右から進む2つの波が出あったとき，重なりあった部分の波の形は変化するが，その後はそれぞれが互いに影響を受けることなく，もとの波の形を保って伝わっていく。この性質を波の(1　　　　)という。

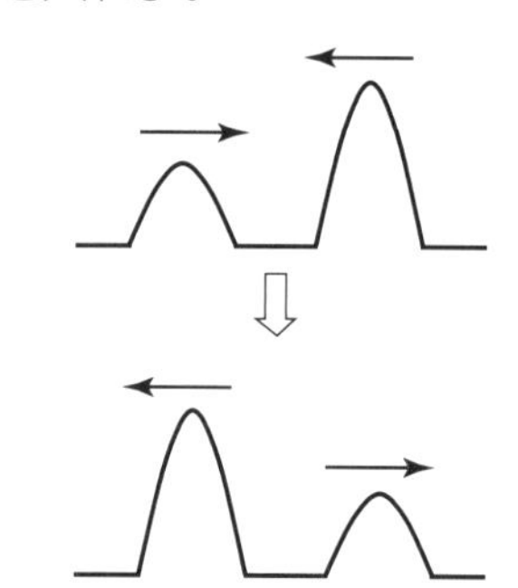

(2) 図のように，2つの波が出あって重なりあうとき，重なった部分の媒質の変位は，2つの波のそれぞれの変位の(2　　)となる。これを波の(3　　　　　　)の原理という。

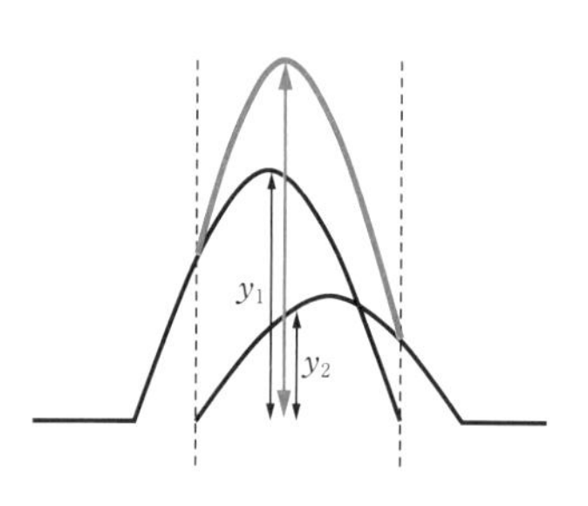

(3) 2つの波の変位をそれぞれ y_1〔m〕，y_2〔m〕としたとき，重なった部分の変位 y〔m〕は，$y =$ (4　　　　　　)で表される。

(4) (2)の重なりあった波を(5　　　　)という。

2 定在波　次の(　　)に適当な語句，数値を入れよ。

(1) 振幅と波長がそれぞれ等しい2つの波が同じ速さで左右から進んできて重なりあうと，(1　　　　　　　)とよばれる波ができる。

(2) 定在波には，波が強めあって(2　　　　　)振動する部分と，弱めあって(3　　　)しない部分が交互に等間隔で並ぶ。

(3) 定在波の最も大きく振動する点を(4　　)，振動しない点を(5　　)という。

(4) 隣りあう腹と腹(あるいは節と節)の間隔は，もとの波の波長の(6　　　)倍である。

Exercise

1 **波の重ねあわせの原理** 図(ア)はある時刻における波の波形である。それぞれの波は，図のように1 cm/s で左右に進んでいく。図の1目盛は1 cm を表している。1 s 後，2 s 後，3 s 後の波の形をかけ。

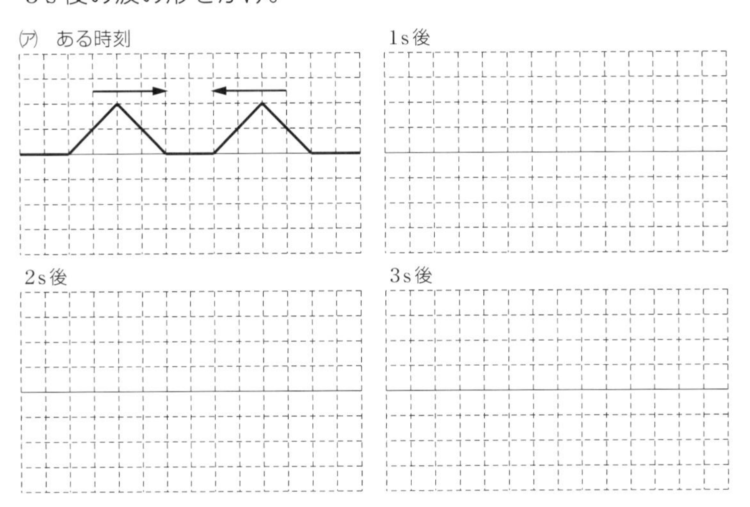

2 **定在波** 下図は x 軸正の向きに進む波（実線）と，x 軸負の向きに進む波（破線）のある時刻のようすである。波長は 4.0 m，波の伝わる速さは 1.0 m/s である。

(1) 図に合成波をかけ。

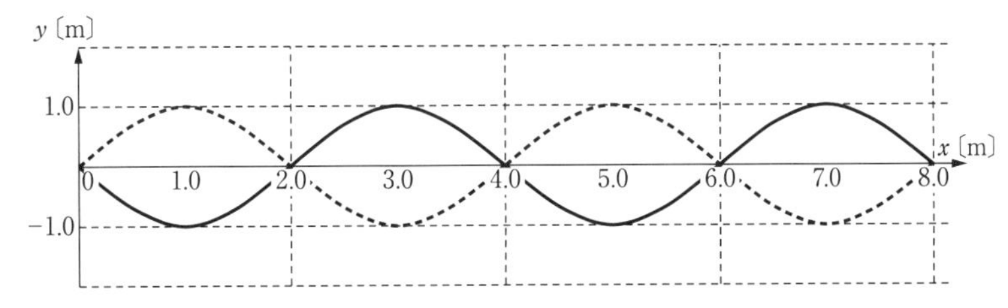

(2) 図に，1.0 s 後のそれぞれの波のようすをかき，合成波をかけ。

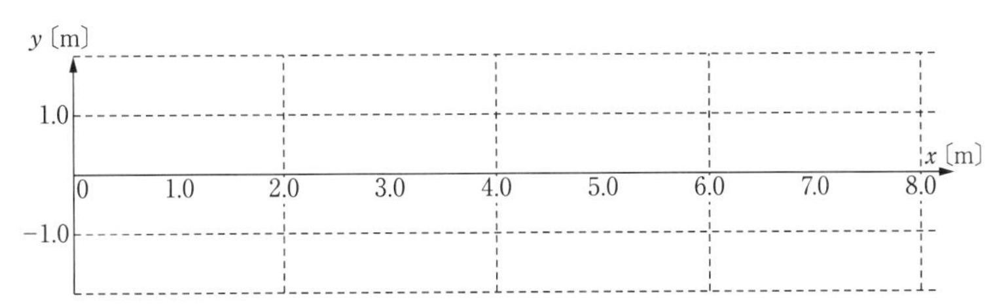

(3) $0\ \mathrm{m} \leqq x \leqq 8.0\ \mathrm{m}$ での腹の x 座標を求めよ。

(4) $0\ \mathrm{m} \leqq x \leqq 8.0\ \mathrm{m}$ での節の x 座標を求めよ。

アドバイス

◂◂◂ 互いの波の影響がないものとして，まずは，1 s 後，2 s 後，3 s 後の波形をかく。次に，重なっている部分について，波の重ねあわせの原理にしたがって合成する。

◂◂◂ (1) 合成波は，媒質の各点について，それぞれの波の変位を考えて，波の重ねあわせの原理で合成する。

◂◂◂ (3)，(4) (2)の結果をもとに考える。

28 波の反射

✓ 重要事項マスター

1 波の反射 次の(　　)に適当な語句を入れよ。

(1) 波は媒質の端や他の媒質との境界で([1]　　　　　)する。

(2) 媒質の端に進む波を([2]　　　　　)，反射して反対に進む波を([3]　　　　　)という。

(3) ウェーブマシンなどで観測されるのは，([4]　　　　　)と([5]　　　　　)の合成波である。

(4) 媒質が自由に動ける端を([6]　　　　　)という。

(5) ([7]　　　　　)では波の形がそのまま左右が折り返されて反射され，境界の媒質は([8]　　　　　)振動する。

(6) 媒質が固定され，動けない端を([9]　　　　　)という。

(7) ([10]　　　　　)では波の形の上下が反転され，左右が折り返されて反射される。よって，([10]　)での合成波の変位はつねに([11]　　　　　)となる。

2 連続波の反射と定在波 次の(　　)に適当な語句を入れよ。

(1) ウェーブマシンに連続的に正弦波を発生させると，ウェーブマシン上には([1]　　　　　)が生じる。

(2) ウェーブマシン上の定在波は，([2]　　　　　)と([3]　　　　　)が合成されたものである。

(3) ウェーブマシンの一端を固定した場合，波は固定端反射し，その場所は定在波の([4]　　)になる。

(4) ウェーブマシンの一端を固定していない場合，波は自由端反射し，その場所は定在波の([5]　　)になる。

Exercise

1 **波の反射** 図は，x 軸正の向きに進む波である。この波が境界で反射する。波の速さは，1 cm/s である。

(1) 境界では，波は自由端反射する。2 s 後，3 s 後，4 s 後の波のようすをかけ。ただし，図の 1 目盛は 1 cm である。

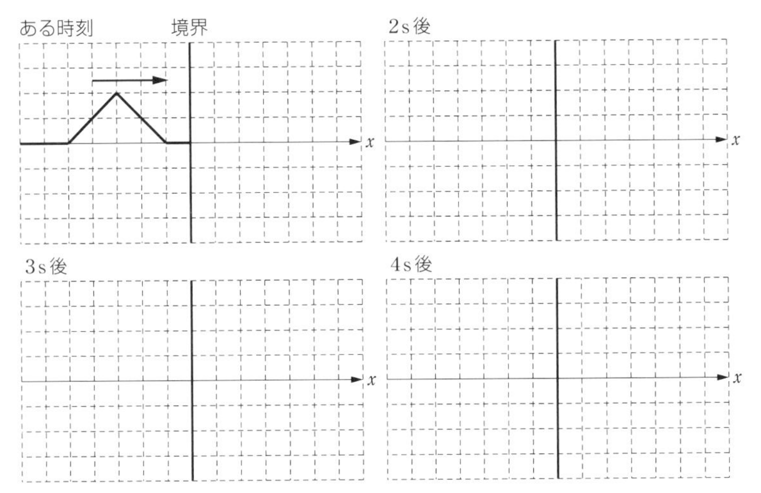

(2) 境界では，波は固定端反射する。2 s 後，3 s 後，4 s 後の波のようすをかけ。ただし，図の 1 目盛は 1 cm である。

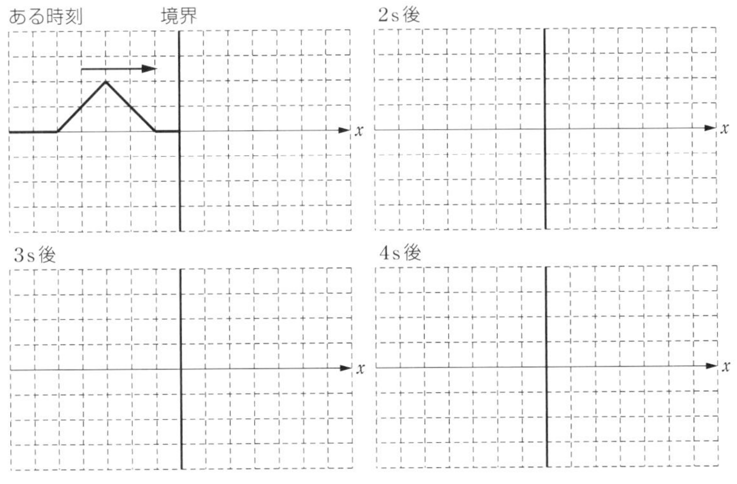

2 **定在波** 図は境界に向かって進む連続波を表す。この波が境界で固定端反射され，入射波と反射波で定在波ができる。

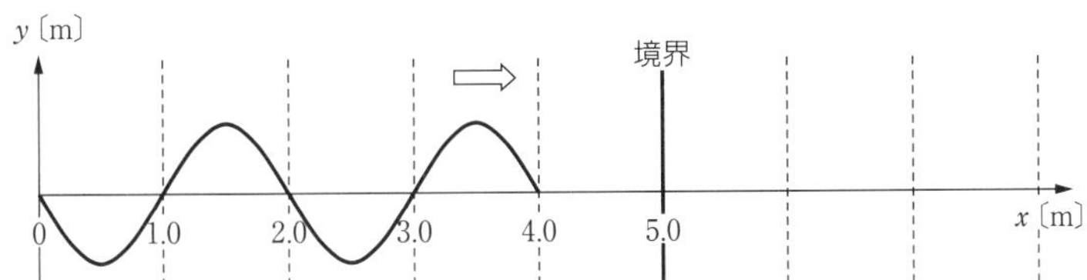

(1) $0\,\mathrm{m} \leqq x \leqq 5.0\,\mathrm{m}$ での節の x 座標を求めよ。

(2) $0\,\mathrm{m} \leqq x \leqq 5.0\,\mathrm{m}$ での腹の x 座標を求めよ。

アドバイス

◂◂◂ (1) 波の反射波を考える場合，まずは境界がないものとして，波を動かす。そして，境界より先に進んでいる波を折り返す。自由端反射の場合，境界に対して，線対称に折り返す。

◂◂◂ (2) 固定端反射の場合，境界に対して点対称に折り返す。

◂◂◂ 入射波と反射波が重なりあって定在波ができる。固定端反射の場合，境界の変位はつねに 0 となる。

29 音の伝わり方と重ねあわせ

✓ 重要事項マスター

1 音　次の(　　)に適当な語句，式を入れよ。

(1)　音とは空気の疎密の変化が伝わっていく現象であり，([1]　　　　　)である。

(2)　音は，空気のような([2]　　　　　)中だけではなく，([3]　　　　　)・([4]　　　　　)中でも伝わる。

(3)　音が空気中を伝わる速さは([5]　　　　　)によって変化する。

(4)　気温 t〔℃〕における音の速さ V〔m/s〕は式 $V=$ ([6]　　　　　　　　)で表される。

2 音の三要素　次の(　　)に適当な語句を入れよ。

(1)　下図のように，波形と振動数が同じでも，大きい音は([1]　　　　　)が大きく，小さい音は([1]　)が小さい。

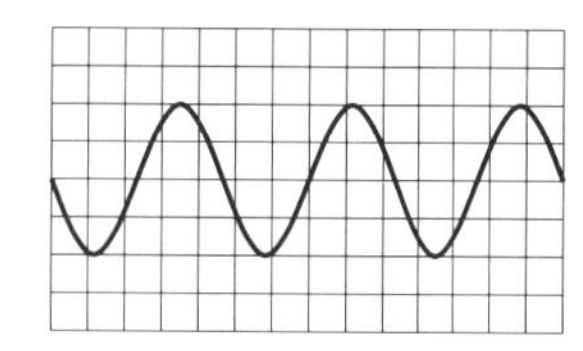
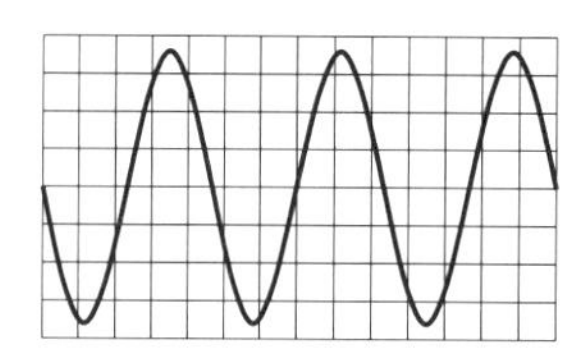

(2)　下図のように，波形と振幅は同じでも，低い音は([2]　　　　　)が小さく，高い音は([2]　)が大きい。

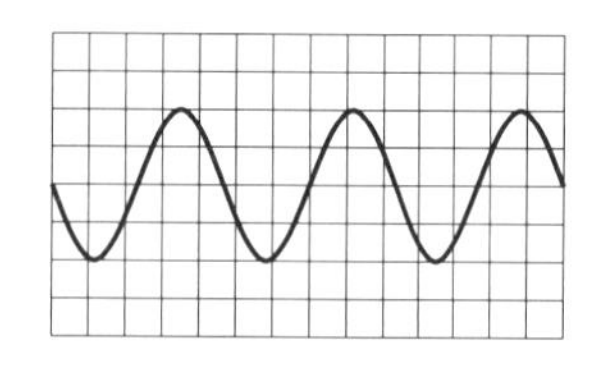
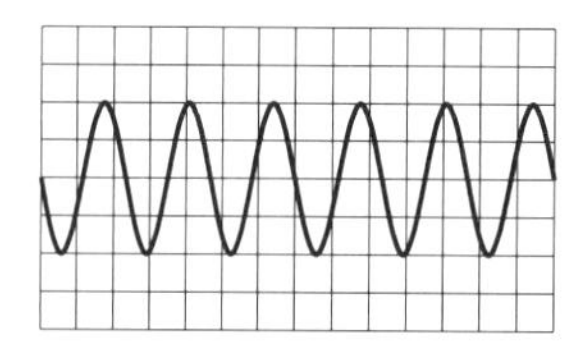

(3)　楽器ごとに音が違うということは，下図のように([3]　　　　)が違っていることである。音を聞くだけでその楽器が何であるかがわかるのは，楽器はそれぞれ特有の([4]　　　　)をもっているからである。

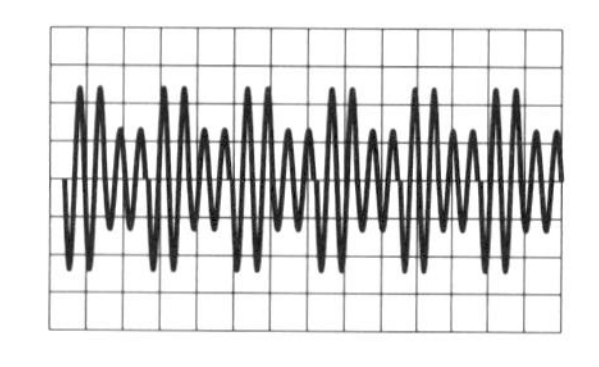
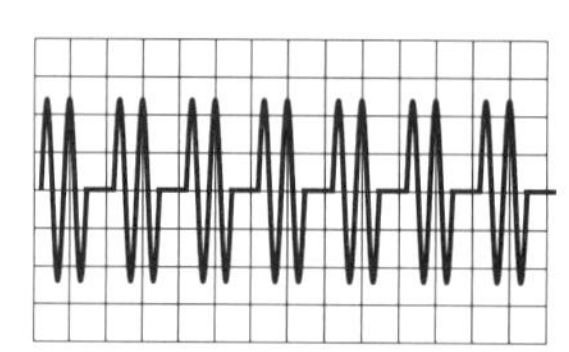

(4)　音の大きさ，音の高さ，音色のことを音の([5]　　　　　)という。

Exercise

1 **音** 音について次の問いに答えよ。

(1) 次の(ア)〜(ウ)の図は，音をオシロスコープで観測している。縦軸と横軸の間隔はすべて同じである。次の(　　)に適当な語句を入れよ。

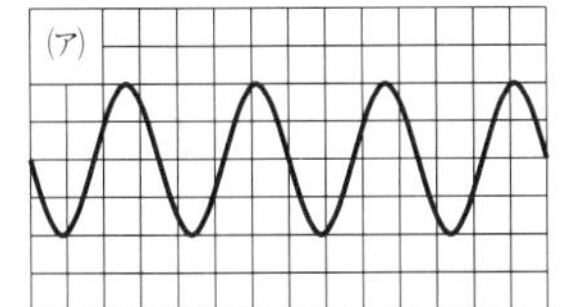

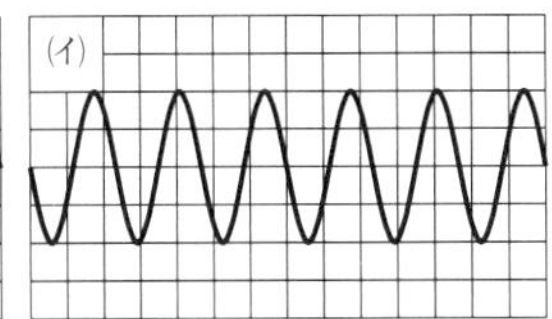

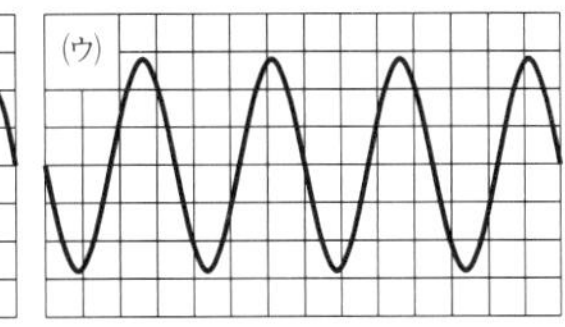

① (ア)の音の高さに対して，(イ)は(　　　　　)。

② (ア)の音の大きさに対して，(ウ)は(　　　　　)。

③ 最も高い音は(　　　　　)の音である。

(2) 気温 20 ℃ の平地で崖に向かって，大きな音を一瞬出したところ，0.50 s 後に崖からこの音が反射して聞こえた。

① 音の速さは何 m/s か。

② この音の振動数は，1500 Hz であった。音の波長は何 m か。

③ 音を出したところから，崖までの距離は何 m か。

2 **うなり** 次の問いに答えよ。

(1) 振動数のわずかに異なる 2 つのおんさを同時に鳴らすと周期的な音の大小のくり返しが生じる。この現象を何というか。

(2) 振動数 f_1〔Hz〕と振動数 f_2〔Hz〕の音が重なりあって生じるうなりの 1 s あたりの回数 f〔回/s〕を f_1，f_2 を用いて表せ。

(3) 振動数のわからない音 A と，振動数が 440 Hz のおんさの音を同時に生じさせたところ，うなりは 1 s あたり 2 回聞こえた。次に 440 Hz のおんさにおもりを取り付け，音を同時に発生させたところ，うなりは聞こえなくなった。音 A の振動数を求めよ。

アドバイス

◂◂◂ (1) 高さを決めるのは振動数，大きさを決めるのは同じ振動数の音であれば振幅である。

◂◂◂ (2) 音の伝わる速さは，気温により変化する。

◂◂◂ $V = 331.5 + 0.6\,t$ である。

◂◂◂ (1) 2 つの振動数の近い音を鳴らすと，「ウワーン，ウワーン」というなりの音が聞こえる。

◂◂◂ (2) うなりの 1 s あたりの回数は，高い音の振動数と低い音の振動数の差になる。

◂◂◂ (3) おんさにおもりを取り付けると，おんさは振動しにくくなるので，振動数は小さくなる。

30 弦の振動

✓ 重要事項マスター

1 共振と共鳴 次の(　　)に適当な語句を入れよ。

(1) 物体を振動させると，物体固有の振動数で振動する。この振動を(1　　　　　)といい，このときの振動数を(2　　　　　)という。

(2) 図のような，長さの異なる振り子の１つだけを振動させると，同じ固有振動数をもつ振り子だけがよく振れる。この現象を(3　　　　　)という。

(3) ２つの同じ固有振動数のおんさの一方を鳴らすと他方も鳴り始める。この現象を(4　　　　　)という。

2 弦の振動 次の(　　)に適当な語句，数値，式を入れよ。

(1) 両端を固定してピンと張った弦をはじくと，両端を(1　　)とする(2　　　　)が発生する。

(2) 長さ 1.0 m の弦にできる腹が１個の場合，定在波の波長は(3　　　　)mとなる。

(3) 長さ 1.0 m の弦にできる腹が２個の場合，定在波の波長は(4　　　　)mとなる。

(4) 長さ l〔m〕の弦にできる腹が n 個の場合，定在波の波長は(5　　　　)〔m〕となる。

(5) 弦を伝わる波の速さを v〔m/s〕とすると，長さ l〔m〕の弦にできる腹が n 個の定常波の振動数 f_n〔Hz〕は，f_n = (6　　　　)となる。

(6) 弦に生じる定在波は弦の長さ l〔m〕に固有の振動となる。これを，弦の(7　　　　　)といい，その振動数を弦の(8　　　　　)という。

(7) 腹の数 $n = 1$ の場合を(9　　　　)振動，$n = 2$，3，…の場合をそれぞれ，２倍振動，３倍振動，…といい，基本振動以外をまとめて，(10　　)振動という。

Exercise

1 **弦の振動** 両端を固定した長さ 0.80 m の弦がつくる定在波のようすを波長の長いものから 4 つかき，それぞれの定在波の波長 λ〔m〕を求めよ。

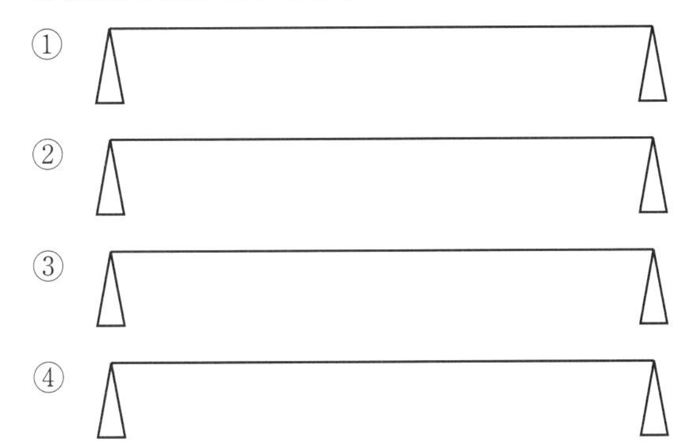

アドバイス

◀◀◀ 弦に生じる定在波は，両端が節となる。この条件を満たすものを波長の長いものからかいていく。

2 **弦の振動** 両端を固定した長さ 0.800 m の弦の張り具合を調整して，弦を伝わる波の速さが 680 m/s となるようにした。

(1) この弦をはじいたところ，弦の中央を腹とした基本振動が生じた。この振動数を求めよ。

◀◀◀ (1) 基本振動は，腹が 1 個の定在波である。

(2) 弦の中央を押さえてはじくと，弦には 2 つの腹が生じた振動が生じた。この振動数を求めよ。

◀◀◀ (2) 2 倍振動の定在波である。

(3) 弦の長さを 0.400 m にして，中央部をはじいた場合，基本振動の振動数は(1)の何倍になるか求めよ。

3 **弦の振動** 図のように，スピーカーの一部分に糸を取り付け，滑車を通しておもりを下げる。スピーカーから音を出し，振動数を変化させると，100 Hz のときに糸に腹が 1 つの定在波が観察された。

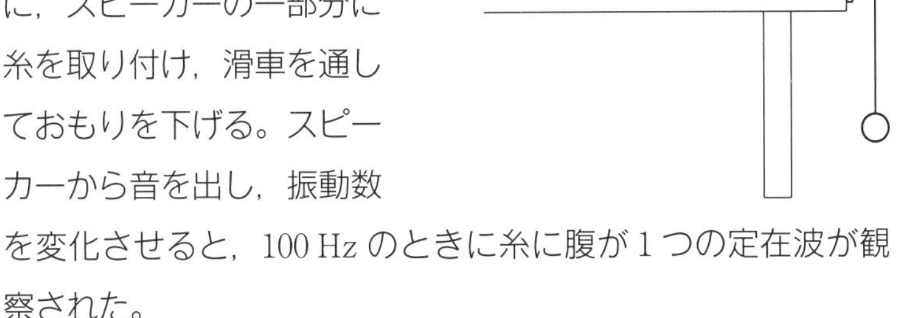

(1) 定在波の波長はいくらか。

(2) 糸を伝わる波の速さを求めよ。

◀◀◀ (2) 糸に生じる定在波の波長と，スピーカーの振動数より，糸を伝わる波の速さを求めることができる。

31 気柱の振動

✓ 重要事項マスター

1 閉管と開管 次の(　　)に適当な語句を入れよ。

(1) 管の口に息を吹きかけると，管内に(1　　　　　　)が生じて音が出る。

(2) 音波は管内の閉じた端では(2　　　　　　　　)反射，管の開いた端では(3　　　　　　　)反射をする。

(3) 右上図のように，片側が閉じている管を(4　　　　　)，右下図のように両端がともに開いている管を(5　　　　　)という。

(4) 管内に定在波が生じているときは，閉じた端が(6　　)，開いた端が(7　　)となっている。

(5) 開口部にできる腹の位置は，管口より少し外側になることが知られている。これを(8　　　　　　　)という。

2 気柱の固有振動 次の(　　)に適当な語句，式を入れよ。ただし，開口端補正は無視できるものとする。

(1) 気柱の長さを l〔m〕，音の速さを V〔m/s〕とすると，閉管の内部で生じる定在波による固有振動数 f_m〔Hz〕は，

$f_m=$ (1　　　　　)　($m=1, 3, 5, \cdots$)

となる。$m=1$ のときの振動を(2　　　)振動，$m=3$ のときの振動を(3　　　)振動という。

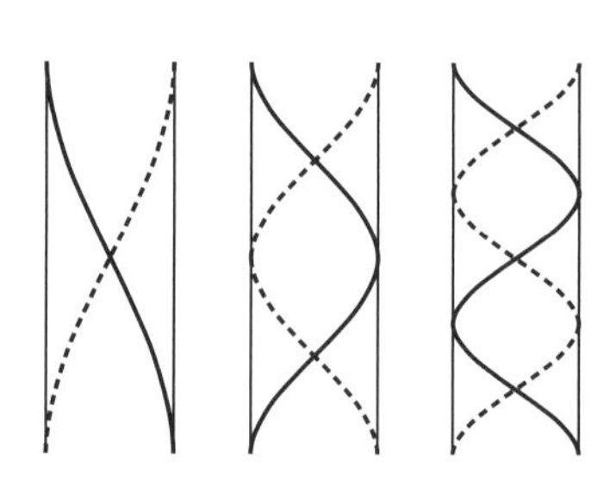

(2) (1)と同様に，開管の内部で生じる定在波による固有振動数 f_n〔Hz〕は，

$f_n=$ (4　　　　　)　($n=1, 2, 3, \cdots$)

となる。$n=1$ のときの振動を(5　　　)振動，$n=2$ のときの振動を(6　　　)振動という。

Exercise

1 **気柱の振動** 長さ 0.50 m の開管と閉管がある。この管の中に生じる定在波を波長の長いものから 3 つかき，それぞれの波長を求めよ。ただし，開口端補正は無視できるものとする。

〈開管〉　〈閉管〉

2 **気柱の振動** 長さの調整できる閉管がある。閉管の近くで，スピーカーから音を出したところ，管を長くしていったときに，0.200 m ではじめて共鳴した。
ただし，音の速さを 340 m/s とし，開口端補正は無視できるものとする。

(1) スピーカーの音の振動数を求めよ。

(2) さらに，管の長さを長くしていく。次に共鳴するときの管の長さを求めよ。

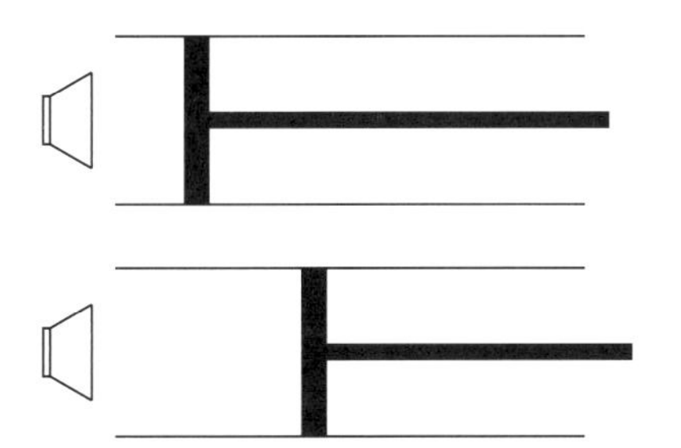

アドバイス

◂◂◂ 開管の場合，両端を腹とする定在波が生じる。閉管の場合，閉じた端を節，開いた端を腹とする定在波が生じる。

◂◂◂ (1) はじめの共鳴が生じたときの定在波のようすをかいてみる。定在波の波長と，音の速さより，スピーカーの振動数を求める。

◂◂◂ (2) スピーカーから出る音の波長は変化していない。したがって，閉管における定在波のようすをかくことができれば求まる。

32 電流と電子

✓ 重要事項マスター

1 静電気 次の(　　)に適当な語句を入れ，{　　}からは適当なものを選べ。

(1) 髪の毛をプラスチックのブラシでとかすと([1]　　　　　　)が発生する。

(2) 物体が摩擦などによって電気を帯びることを([2]　　　　　　)という。

(3) 帯電した物体のもつ電気を([3]　　　　　　)といい，単位には([4]　　　　　　)を用いる。

(4) 電荷には([5]　　　　　　)と([6]　　　　　　)の２種類がある。

(5) 同種の電荷の間ではたらく静電気力は{[7] 反発力・引力}となり，異種の電荷の間ではたらく静電気力は{[8] 反発力・引力}となる。

2 電子 次の(　　)に適当な語句，数値を入れよ。

(1) 最小単位の電気量をもつ粒子を([1]　　　　　　)という。この粒子は([2]　　　)の電荷をもっており，電気量の大きさは([3]　　　　　　)Ｃである。この電気量を([4]　　　　　　)という。

(2) 金属中で自由に動き回れる電子を([5]　　　　　　)という。

3 電流 次の(　　)に適当な語句，式を入れ，{　　}からは適当なものを選べ。

(1) ([1]　　　　)や電荷をもった粒子の流れを([2]　　　　　)といい，単位にはＡ(アンペア)を用いる。

(2) 電流の正の向きは，{[3] 正・負}の電荷が移動する向きと定める。導線中を([4]　　　　　　)が移動するときは，電流の向きとは逆向きとなる。

(3) 導線を流れる電流は，単位時間に導線の断面を通過する([5]　　　　　　)である。

(4) 導線の断面を t〔s〕間に大きさ Q〔C〕の電荷が通過するとき，電流の大きさ I〔A〕は([6]　　　　　)となる。

Exercise

アドバイス

1 **静電気力** 図のように，回転台の上に正に帯電させたアクリル棒をのせ，負に帯電したエボナイト棒をアクリル棒に近づけた。

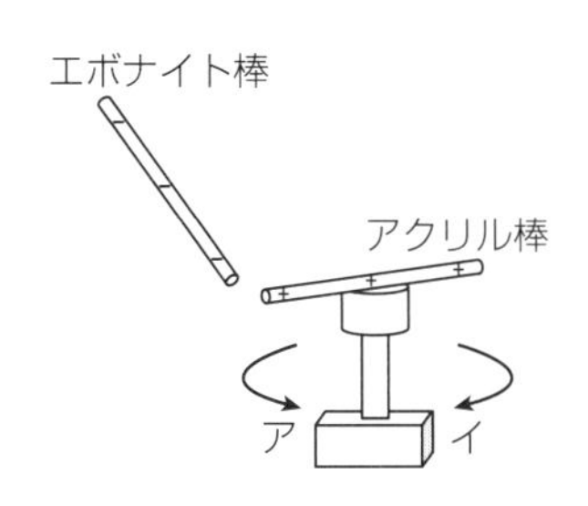

(1) 回転台の回る方向はア，イのどちらか。

◂◂◂ 異種の電荷の間では引力がはたらき，同種の電荷の間では反発力がはたらく。

(2) 次に，エボナイト棒のかわりに正に帯電させたガラス棒をアクリル棒に近づけた。回転台の回る方向はア，イのどちらか。

2 **電流と電気量** ある導線を 0.30 A の電流が 12 s 間流れた。導線の断面を通過した電気量の大きさはいくらか。

◂◂◂ 電気量の大きさ Q〔C〕は，電流の大きさを I〔A〕，電流の流れた時間を t〔s〕とすると，$Q=It$ である。

3 **電流と電気量** ある導線の断面を 10 s 間に 2.3 C の電荷が通過した。流れた電流の大きさはいくらか。

4 **電流と電子数** ある導線の断面を 0.48 A の電流が 1.0 s 間に流れた。

(1) 1.0 s 間に運ばれた電気量はいくらか。

◂◂◂ (1) $Q=It$ より Q を求める。

(2) このとき，1.0 s 間にこの断面を通過した電子数はいくらか。ただし，電気素量 e は 1.6×10^{-19} C である。

◂◂◂ (2) 電子数を n とすると，$Q=ne$ となる。

33 電気抵抗

✓ 重要事項マスター

1 電圧と抵抗 次の（　）に適当な語句を入れよ。

(1) 電流を流すはたらきを（[1]　　　　）といい，（[2]　　　）という単位を用いる。

(2) 物質には金属のように電流をよく通す物質とゴムのように電流を通しにくい物質があり，電流の流れにくさを（[3]　　　　）といい，単位は（[4]　　　）を用いる。

(3) 電圧1Vをかけて電流が1A流れたとき，電気抵抗は（[5]　　　）である。

2 オームの法則 次の（　）に適当な語句，式を入れ，｛　｝からは適当なものを選べ。

(1) ニクロム線の両端にかかる電圧 V〔V〕とニクロム線を流れる電流 I〔A〕は｛[1] 比例・反比例｝する。この比例定数をRとすると，（[2]　　　）＝（[3]　　　　）という式で書ける。この関係を（[4]　　　　）という。

(2) 電圧 V を横軸にとり，電流 I を縦軸にとってグラフを描くと，グラフは（[5]　　　）点を通る直線となる。この傾きが｛[6] 大きい・小さい｝ほど電流は流れにくい。

(3) 同じ長さの太いニクロム線と細いニクロム線では，｛[7] 太い・細い｝ニクロム線の方が電気抵抗が大きい。

3 合成抵抗 次の（　）に適当な語句，式を入れよ。

(1) 2つ以上の抵抗を1つにまとめたものを（[1]　　　　）という。

(2) 2つの抵抗 R_1〔Ω〕と R_2〔Ω〕を直列に接続し，電圧 V〔V〕をかけると，どちらの抵抗にも（[2]　　　）大きさの電流が流れる。それぞれの抵抗にかかる電圧の和が全体の電圧になるので，合成抵抗を R〔Ω〕とすると R ＝（[3]　　　　）と表される。

(3) 2つの抵抗 R_1〔Ω〕と R_2〔Ω〕を並列に接続し，電圧 V〔V〕をかけると，どちらの抵抗にも（[4]　　　）大きさの電圧がかかる。それぞれの抵抗を流れる電流の和が全体の電流となるので，合成抵抗を R〔Ω〕とすると $\frac{1}{R}$ ＝（[5]　　　　）と表される。

Exercise

1 **オームの法則** 次の各問いに答えよ。

(1) 12 Ω の抵抗の両端に 4.8 V の電圧を加えた。この抵抗を流れる電流はいくらか。

(2) ある抵抗の両端に 3.0 V の電圧を加えた。この抵抗を流れる電流は 200 mA であった。この抵抗の抵抗値はいくらか。

(3) 25 Ω の抵抗の両端に電圧を加えたら，0.40 A の電流が流れた。この抵抗の両端に加えた電圧はいくらか。

アドバイス

◀◀◀ オームの法則 $V = RI$ を用いて未知の量を求める。

◀◀◀ (2) mA を A に単位を直す。

2 **合成抵抗** 次の各場合の合成抵抗はいくらか。

(1)

3.0 Ω　5.0 Ω

(2)

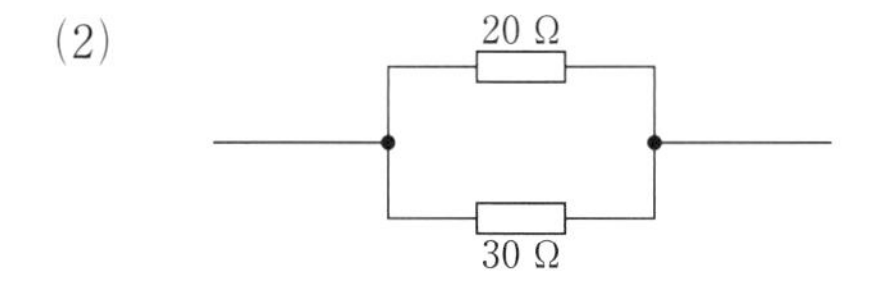

(3)

4.0 Ω　3.0 Ω　6.0 Ω

◀◀◀ (1) 直列接続の合成抵抗の式 $R = R_1 + R_2$ より R を求める。

◀◀◀ (2) 並列接続の合成抵抗の式 $\frac{1}{R} = \frac{1}{R_1} + \frac{1}{R_2}$ より R を求める。

◀◀◀ (3) 先に並列部分の合成抵抗を求め，次に 3.0 Ω の抵抗との直列接続の合成抵抗を求める。

34 抵抗率，電力と電力量

✓ 重要事項マスター

1 金属の抵抗率

次の(　　)に適当な語句，式を入れよ。

(1)　ニクロム線や銅線などのように，一様な物質で作られた導体の抵抗は，導体の([1]　　　)に比例し，([2]　　　　)に反比例する。

(2)　導体の長さを L〔m〕，導体の断面積を S〔m^2〕とすると，抵抗 R〔Ω〕は $R=$ ([3]　　　　)と表される。比例定数 ρ を([4]　　　)といい，([5]　　　　　)という単位(記号 Ω・m)を用いる。

(3)　抵抗率は，([6]　　　)が一定ならば物質によって決まる定数である。

2 電力と電力量

次の(　　)に適当な語句，数値，式を入れよ。

(1)　金属内を流れる電流により発生する熱を([1]　　　　)という。

(2)　ニクロム線のような金属が単位時間に消費する電気エネルギー P〔W〕を([2]　　　)といい，電圧を V〔V〕，電流を I〔A〕とすると([3]　　) = ([4]　　　)で表される。

(3)　電力の単位には([5]　　　　)と同じ単位，([6]　　　　)（記号 W)を用いる。

(4)　ニクロム線のような金属がある時間内に消費する電気エネルギーの総量 W〔J〕を([7]　　　　)といい，電力を P〔W〕，時間を t〔s〕とすると([8]　　) = ([9]　　　)で表される。

(5)　電力量の単位は([10]　　　　)（記号 J)を用いる。また，日常的には([11]　　　　)（記号 Wh)や([12]　　　　)（記号 kWh)を用いる。1 Wh は([13]　　　　)J である。

(6)　R〔Ω〕の抵抗に電圧 V〔V〕をかけて電流 I〔A〕が t〔s〕間流れるとき，発生する([14]　　　　)Q〔J〕は $Q=$ ([15]　　　) = ([16]　　　) = ([17]　　　)となる。これを([18]　　　　　)という。

Exercise

1 **抵抗率** 次の各問いに答えよ。

(1) 銀の常温での抵抗率は，$1.6 \times 10^{-8}\,\Omega \cdot \mathrm{m}$ である。長さ 10 m，断面積 $1.0\,\mathrm{mm}^2$ の銀でできた導線の常温での抵抗はいくらか。

(2) 長さ L〔m〕，断面積 S〔m^2〕の一様な銀でできた導線がある。これを 3 等分の長さに切って 3 本束ねた。もとの長さのときに比べて，抵抗は何倍になるか。

(3) (2)で，もとの長さのときと同じ電圧をかけると，流れる電流は何倍になるか。

2 **電力と電力量** 次の各問いに答えよ。

(1) ある抵抗に 1.5 V の電池をつないだところ，0.20 A の電流が流れた。この抵抗で消費された電力は何 W か。

(2) 100 W の電球を 40 s 光らせた。電力量は何 J か。

(3) 1.2 kW のドライヤーを 30 分間使用した。電力量は何 Wh か。

(4) ある抵抗線に 50 V の電圧をかけたところ，4.0 A の電流が流れた。電流を 20 s 間流したとき，発生するジュール熱は何 J か。

アドバイス

◂◂◂ $1\,\mathrm{mm}^2$ は $1 \times 10^{-6}\,\mathrm{m}^2$ である。

◂◂◂ (2) 長さが $\frac{1}{3}L$ になり，断面積が $3S$ になる。

◂◂◂ (3) オームの法則 $V = RI$ より考える。

◂◂◂ (3) 30 分を時間に直すと $\frac{30}{60}$ 時間になる。

◂◂◂ (4) ジュールの法則を用いる。

35 直流回路

✓ 重要事項マスター

1 直列接続の回路　次の(　　)に数値を入れよ。

図のように，2.0Ωと4.0Ωの抵抗を直列に接続して12 Vの電圧をかけた。2つの抵抗の合成抵抗R〔Ω〕は，

抵抗2.0Ω　抵抗4.0Ω
電圧V_1〔V〕　電圧V_2〔V〕
電流I〔A〕
電圧12V

R = 2.0 Ω + 4.0 Ω = ([1]　　　　)Ω

よって，オームの法則から，回路を流れる電流I〔A〕は([2]　　　　)Aである。このとき，2.0Ωの抵抗の両端の電圧 V_1〔V〕は([3]　　　　)V，4.0Ωの抵抗の両端の電圧 V_2〔V〕は([4]　　　　)V，2.0Ωの抵抗で消費された電力は([5]　　　　)Wになる。

2 並列接続の回路　次の(　　)に数値を入れよ。

図のように，10Ωと15Ωの抵抗を並列に接続して30 Vの電圧をかけた。2つの抵抗の合成抵抗R〔Ω〕は，

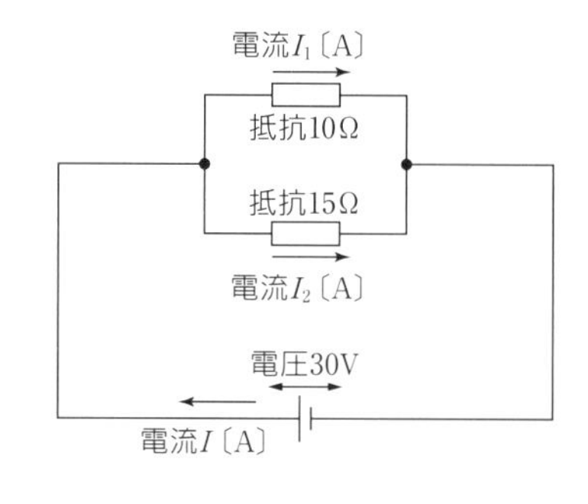

$$\frac{1}{R} = \frac{1}{10\,\Omega} + \frac{1}{15\,\Omega} = \frac{1}{(^{1}\qquad)\Omega}$$

よって，オームの法則から，回路を流れる電流I〔A〕は([2]　　　　)Aである。10Ωの抵抗を流れる電流I_1〔A〕はオームの法則より([3]　　　　)Aになる。15Ωの抵抗を流れる電流I_2〔A〕は，全体の回路を流れる電流I〔A〕と10Ωの抵抗を流れる電流I_1〔A〕の差になるので，$I - I_1$より([4]　　　　)Aとなる。また，10Ωの抵抗で消費された電力は，([5]　　　　)Wになる。

Exercise

1 **直並列回路** 0.80 Ω，2.0 Ω，3.0 Ω の 3 つの抵抗を図のように接続した回路がある。次の各問いに答えよ。

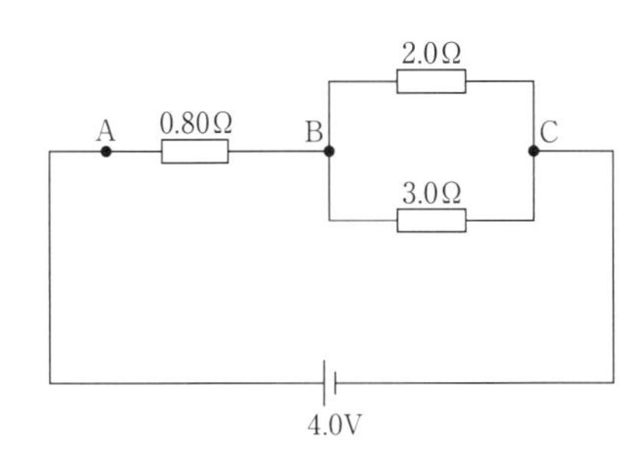

アドバイス

(1) AC 間の合成抵抗はいくらか。

◂◂◂ (1) BC 間の並列部分の合成抵抗を先に求め，次に AC 間の直列部分の合成抵抗を求める。

(2) 0.80 Ω の抵抗を流れる電流はいくらか。

◂◂◂ (2) (1)で求めた合成抵抗を用いて，オームの法則から求める。

(3) 3.0 Ω の抵抗で消費される電力はいくらか。

◂◂◂ (3) 3.0 Ω の抵抗の両端の電圧と流れる電流を求め，$P = VI$ の式を使う。

2 **ジュール熱と熱量の保存** 500 W の電熱器を用いて，200 g の水を 40 ℃ から 90 ℃ に温度を上昇させたい。温度を上昇させるのにかかる時間 t〔s〕はいくらか。ただし，電熱器で生じたジュール熱はすべて水温を上昇させるのに使われるものとし，水の比熱を 4.2 J/(g·K)とする。

◂◂◂ 熱の移動より，電熱器で生じたジュール熱 Q_1〔J〕がすべて水温を上昇させる熱量 Q_2〔J〕となる。Q_1 はジュール熱の式 $Q = Pt$，Q_2 は熱量の式 $Q = mc\Delta T$ を用いる。ΔT は温度上昇。

4章 電気

36 磁場と電流

✓ 重要事項マスター

1 電磁誘導　次の(　　)に適当な語句を入れよ。

コイルの中に磁石を出し入れすると，コイルに電圧が生じて回路に電流が流れる。この現象を([1]　　　　)といい，このとき流れる電流を([2]　　　　)という。コイルに磁石を入れる場合と出す場合では，流れる電流の向きが([3]　　)になる。

2 電流の種類　次の(　　)に適当な語句を入れ，{　　}からは適切なものを選べ。

(1)　向きと大きさが周期的に変化する電流を([1]　　　)といい，電流が1 s間に振動する回数を([2]　　　　)という。単位は([3]　　　　)（記号 Hz)を用いる。

(2)　大きさが一定で([4]　　)極から([5]　　)極へ流れる電流を([6]　　　)という。

(3)　東日本での家庭用電源の交流の周波数は{[7] 50 Hz・60 Hz・100 Hz}である。

(4)　火力発電，原子力発電などの発電では，発電機のコイルを回すことにより([8]　　)流が得られる。

(5)　下図AとBは，電圧をオシロスコープで見た図である。図Aは{[9] 乾電池・家庭用電源}，図Bは{[10] 乾電池・家庭用電源}の電圧を表している。

(A)

電圧V〔V〕
1.5
時間t〔s〕

(B)

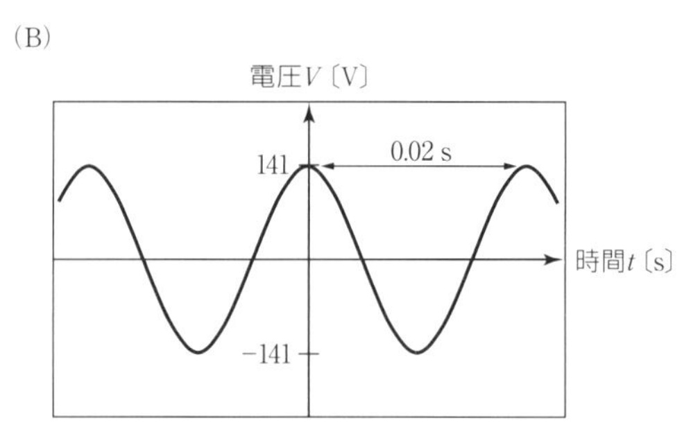

3 変圧器　次の(　　)に適当な語句を入れ，{　　}からは適当なものを選べ。

(1)　交流電圧を変化させることを([1]　　　)といい，([1]　)させる装置を([2]　　　　)という。([1]　)では，交流の周波数は{[3] 変化する・変化しない}。

(2)　変圧器では，一次コイルと二次コイルの巻数をN_1，N_2〔回〕，一次コイルと二次コイルの両端の電圧をV_1，V_2〔V〕とすると，$V_1 : V_2$ = ([4]　　　)：([5]　　　)の関係がある。

Exercise

1 **発電機** 次の文章の(　　)に適当な語句を入れ，{　　}からは適切な語句を選べ。

磁場の中にコイルを入れ，コイルに一定の方向の回転を加えることにより電流を取り出すのが{①発電機・モーター}である。①は，磁場の中で回転するときにコイルを貫く磁力線の数が変化するので，(②　　　　　)により(③　　　　　)が回路に流れる。コイルが1回転すると，{④直流・交流}の電圧と電流の変動が1回起こる。

アドバイス

2 **交流** 東日本での家庭用電源の交流の周波数は50 Hzである。東日本の交流の周期はいくらか。

◂◂◂ 周波数 f〔Hz〕と周期 T〔s〕の間には $f=\frac{1}{T}$ の関係がある。

3 **変圧器** 一次コイルの巻数が100回，二次コイルの巻数が400回の変圧器がある。次の問いに答えよ。

(1) 一次コイル側に200 Vの交流電圧を加えるとき，二次コイル側に生じる交流電圧は何Vか。

◂◂◂ (1) コイルの巻数と電圧の関係
$V_1 : V_2 = N_1 : N_2$
を用いる。

(2) (1)のとき，一次コイル側に流れる交流電流の大きさが4.0 Aだったとする。二次コイルに生じている交流電流の大きさは何Aか。

◂◂◂ (2) それぞれのコイルの電力は等しい。
$V_1 I_1 = V_2 I_2$
を用いる。

37 エネルギーとその利用

✓ 重要事項マスター

1 エネルギーの交換と保存　次の(　　)に適当な語句を入れ，{　　}からは適切なものを選べ。

(1) エネルギーが移り変わることを([1]　　　　　　　　)という。

(2) 自然界に存在するエネルギーの総量は([2]　　　　)である。この法則を([3]　　　　　　)という。

(3) 電気エネルギーを力学的エネルギーに変換するものとしては{[4] 発電機・モーター}がある。電気エネルギーを光(波)のエネルギーに変換するものには([5]　　　　)がある。

(4) 発電の方法には，石炭や石油を燃焼させる([6]　　　　)発電やダムを利用する([7]　　　　)発電，太陽光を利用する([8]　　　　)発電などがある。

2 原子核エネルギー　次の(　　)に適当な語句，数値を入れよ。

(1) 原子は，負電荷をもった([1]　　　　)と原子核から構成されており，原子核は正電荷をもった([2]　　　　)と電荷をもたない([3]　　　　)からなる。

(2) 元素の種類は陽子の数によって決まり，陽子の数を([4]　　　　　　)，陽子と中性子の数の和を([5]　　　　　　)という。

(3) $^{16}_{8}O$ の陽子の数は([6]　　)個，中性子の数は([7]　　)個である。

(4) 水素，重水素，三重水素のように，同じ元素の原子で質量数の異なるものを([8]　　　　)という。

(5) 質量の大きな原子核が他の原子核に分裂することを([9]　　　　)といい，このときに放出されるエネルギーを([10]　　　　　　)という。

3 原子力発電　次の(　　)に適当な語句を入れよ。

(1)　質量数の大きい原子核に中性子がぶつかると2つの原子核に分裂する。質量数の大きな原子核が分裂することを([1]　　　　)といい，連続してこの分裂が起こることを([2]　　　　　　)という。

(2)　連鎖反応が持続的に起こる状態のことを([3]　　　　　)という。

(3)　([4]　　　　　)では，連鎖反応を制御して核分裂による熱を取り出している。

4 放射線　次の(　　)に適当な語句を入れ，{　　}からは適当なものを選べ。

(1)　不安定な状態の原子核が放射線を出して安定した状態の原子核に変わることを([1]　　　　　　　　)という。

(2)　放射線を出して別の原子核に変わる同位体を([2]　　　　　　　　　　　)という。

(3)　放射線には([3]　　　　　)，([4]　　　　　)，([5]　　　　　)や，他にも中性子線や宇宙からやってくる([6]　　　　　)，X線などがある。

(4)　ヘリウム原子核の流れである{[7] α 線・β 線・γ 線}は透過力が{[8] 弱く・強く}，紙でさえぎられる。

(5)　原子核が放射線を出す能力を([9]　　　　　　)という。

(6)　放射線を出す原子の数が放射性崩壊によって半分に減少する時間を([10]　　　　　　)という。

5 放射線による人体への影響　次の(　　)に適当な語句を入れよ。

(1)　体外から放射線を浴びることを([1]　　　　　　)という。

(2)　呼吸や食事により，体内に入った放射性物質の放射線を浴びることを([2]　　　　　　)という。

6 原子力発電所の事故とこれから　次の(　　)に適当な語句を入れよ。

(1)　使用済みの核燃料などを([1]　　　　　　　　　　)といい，厳重に管理され，処理や処分をされる。

(2)　使用できなくなった原子炉や，必要のなくなった原子炉を解体して管理することを([2]　　　　　)という。

こたえ

1 中学校の復習 (p.2)

重要事項マスター

1 (1) 1 移動距離 2 所要時間 3 m/s
4 km/h(3, 4は順不同) (2) 5 等速直線運動
2 (1) 1 変形 2 運動 (2) 3 N (3) 4 合力
(4) 5 等しく 6 逆
3 (1) 1 仕事 (2) 2 J (3) 3 エネルギー
(4) 4 運動 5 位置(4, 5は順不同)
4 (1) 1 電池(電源) 2 抵抗 (2) 3 直列
(3) 4 並列 (4) 5 RI 6 オーム (5) 7 時間
5 (1) 1 磁場(磁界)
(2) 2 電磁誘導 3 誘導電流
(3) 4 直流 5 交流 (4) 6 Hz
6 1 45 2 2 3 5

第1章 物体の運動

2 運動の表し方 (p.4)

重要事項マスター

1 (1) 1 速さ 2 移動距離 3 時間 4 メートル毎秒
(2) 5 等速直線運動
2 1 原点 2 傾き 3 速さ 4 平行 5 移動距離
3 (1) 1 速度 2 負 (2) 3 変位 (3) 4 x 5 t

Exercise

1 (1) 24km (2) 20m/s (3) 500s, 8分20秒
2 (1) 20m/s (2) (略) (3) 等速直線運動
3 (1) 変位:−1800m, 速度:−1.5m/s
(2) 変位:+1080m, 道のり:2520m

3 速度の合成と相対速度 (p.6)

重要事項マスター

1 1 合成速度 **2** (1) 1 相対速度 2 東 3 10km/h
(2) 4 西 5 30km/h (3) 6 $v_B - v_A$

Exercise

1 (1) 2.2m/s (2) −0.3m/s
2 (1) 東向き, 4m/s (2) 東向き, 36m/s

4 加速度 (p.8)

重要事項マスター

1 (1) 1 単位時間 2 加速度 (2) 3 $v_2 - v_1$
4 $t_2 - t_1$ (3) 5 m/s^2 6 メートル毎秒毎秒
2 (1) 1 正 2 正 3 正 4 正 5 負 (2) 6 負
7 負 8 負 9 負 10 正

Exercise

1 1.2m/s^2 **2** (1) −7.5m/s^2 (2) ① 3.0m/s^2,
② −1.5m/s^2
3 (1)

時刻〔s〕	0	1.0	2.0	3.0	4.0
Aの速度〔m/s〕	0	4.0	8.0	12	16
Bの速度〔m/s〕	8.0	11.0	14.0	17.0	20

(2) B

5 等加速度直線運動 (p.10)

重要事項マスター

1 (1) 1 $v_0 + at$ (2) 2 右下がり **2** (1) 1 $v_0 t + \frac{1}{2}at^2$
(2) 2 面積 3 い 4 あ **3** 1 $v^2 - v_0^2$

Exercise

1 (1) 3.8m/s (2) 8.0s後 (3) 1.5m/s^2
2 (1) 8.0m/s (2) 30m (3) 10s後 **3** 6.0m/s
4 (1) 初速度:6.0m/s 加速度:1.0m/s^2 (2) 32m

6 自由落下運動 (p.12)

重要事項マスター

1 1 増加 2 減少
2 1 鉛直下 2 等加速度直線 3 重力加速度 4 9.8
3 1 自由落下運動 2 9.8 3 重力加速度 4 g
5 gt 6 $\frac{1}{2}gt^2$ 7 $2gy$

Exercise

1 (1) 自由落下運動 (2) 速度:20m/s, 変位:20m
(3) 速度:39m/s, 変位:78m **2** (1) 15m/s
(2) 2.0s後 (3) 20m/s **3** (1) 14m/s (2) 9.6m

7 鉛直投げ下ろし運動・鉛直投げ上げ運動 (p.14)

重要事項マスター

1 1 等加速度直線 2 $v_0 + gt$ 3 $v_0 t + \frac{1}{2}gt^2$ 4 $2gy$
2 1 鉛直下 2 $-g$ 3 $v_0 - gt$ 4 $v_0 t - \frac{1}{2}gt^2$
5 $-2gy$ 6 0 7 $\frac{v_0}{g}$ 8 $v_0\left(\frac{v_0}{g}\right) - \frac{1}{2}g\left(\frac{v_0}{g}\right)^2$ 9 $\frac{v_0^2}{2g}$

Exercise

1 (1) 速度:6.9m/s, 変位:2.2m (2) 1.8m/s
2 (1) 速度:9.8m/s, 高さ:39m
(2) 速度:−20m/s, 高さ:25m
(3) 0m/s (4) 時刻:3.0s, 高さ:44m (5) 6.0s

8 力 (p.16)

重要事項マスター

1 1 変形 2 運動の状態 **2** (1) 1 大きさ 2 作用点
3 力の三要素 (2) 4 N 5 ベクトル(量) 6 作用線
3 (1) 1 重力 2 下 3 9.8N (2) 4 張力
(3) 5 垂直抗力
4 1 弾性力 2 比例 3 フックの法則 4 kx

Exercise

1 (略) **2** (1) 2.8N (2) 25N/m

9 力の合成・分解, 力のつりあい (p.18)

重要事項マスター

1 (1) 1 合力 2 力の合成 (2) 3 平行四辺形
4 大きさ 5 方向
2 (1) 1 力の分解 2 分力
(2) 3 x成分 4 y成分 **3** (1) 1 つりあっている
2 0 (2) 3 直線上 4 逆向き(反対)
5 等しい(同じである) (3) 6 つりあっている

Exercise

1 (図は略) (1) 5N (2) 2N (3) 4.2N **2** (略)
3 (略)

10　作用反作用（p.20）

重要事項マスター

1 (1) 1 同じ（等しい）　2 逆（反対）　3 反作用
(2) 4 同一　5 等しい（同じである）
6 作用反作用の法則　**2**　1 同一（同じ）
2 逆（反対）　3 等しい（同じである）　4 同じ（１つの）
5 別々の（２つの）　6 W　7 R'　8 W
9 R（8，9 は順不同）

Exercise

1 (1) 机がりんごを押す力（りんごが机から受ける力）
(2) 物体が糸を引く力（糸が物体から受ける力）
(3) ボールが地球を引く力（地球がボールから受ける力）
(4) スチール黒板が磁石を引く力（磁石がスチール黒板から受ける力）　**2** (1) 9.0N　(2) 5.0N

11　慣性の法則，運動の法則（p.22）

重要事項マスター

1 1 保とう　2 慣性　**2**　1 0
2 静止　3 等速直線運動　4 慣性の法則
3 (1) 1 等加速度直線運動　(2) 2 2　(3) 3 比例
4 (1) 1 $\frac{1}{2}$　(2) 2 反比例　**5**　1 加速度
2 比例　3 反比例　4 運動の法則

Exercise

1 (1) ②，(a)　(2) ②，(b)
2 (1) $0.40\,\mathrm{m/s^2}$　(2) 1.5 倍　(3) 0.5kg

12　運動方程式（p.24）

重要事項マスター

1 1 ma　2 運動方程式
2 (1) 1 加速度　2 重力加速度　3 $9.8\,\mathrm{m/s^2}$
(2) 4 mg　(3) 5 重力の大きさ　6 同じ（一定）
3 1 重力の大きさ　2 ニュートン（N）
3 キログラム（kg）

Exercise

1 加速度：力の向きに $2.0\,\mathrm{m/s^2}$
2 (1) 物体Ａ：9.8N，物体Ｂ：29N　(2) どれも同じ
(3) 鉛直下向き，大きさ $9.8\,\mathrm{m/s^2}$　(4) $5.8\,\mathrm{m/s^2}$

13　摩擦力，圧力と浮力（p.26）

重要事項マスター

1 (1) 1 静止摩擦力　2 最大摩擦力　3 静止摩擦係数
4 μ_0N　(2) 5 動摩擦力　6 動摩擦係数　7 $\mu' N$
2 (1) 1 単位面積　2 圧力　3 $\frac{F}{S}$　4 Pa
5 1.013　(2) 6 大きく　7 同じ（等しい）
3　1 押しのけた（水中にある部分の）
2 アルキメデスの原理　3 ρVg

Exercise

1 (1) 20N　(2) 49N　(3) 78N
2　面Ｂ，$2.0\times10^2\,\mathrm{Pa}$　**3** (1) 4.9N　(2) 4.9N

14　1 物体の運動方程式（p.28）

重要事項マスター

1 1 $T-mg$　2 $ma=T-mg$
3 $\frac{T-mg}{m}$（または $\frac{T}{m}-g$）
2 1 $\frac{1}{2}mg$　2 $\frac{\sqrt{3}}{2}mg$　3 $\frac{1}{2}mg$　4 $\frac{1}{2}g$

Exercise

1 (1) $10\,\mathrm{kg}\times a=5.0\,\mathrm{N}$　(2) 右向きに $0.50\,\mathrm{m/s^2}$
2 (1) 59N　(2) 41N　(3) 49N
3 (1) 98N　(2) 斜面方向の分力の大きさ：49N
斜面に垂直な方向の分力の大きさ：83N
(3) 運動方程式：$10\,\mathrm{kg}\times a=49\,\mathrm{N}$，
加速度の大きさ：$4.9\,\mathrm{m/s^2}$

15　2 物体の運動方程式（p.30）

重要事項マスター

1 1 $2.0\,\mathrm{kg}\times a=15\,\mathrm{N}-f$　2 $3.0\,\mathrm{kg}\times a=f$
3 $3.0\,\mathrm{m/s^2}$　4 9.0N　5 5.0kg
6 $5.0\,\mathrm{kg}\times a=15\,\mathrm{N}$　7 $3.0\,\mathrm{m/s^2}$

Exercise

1 (1) $2.0\,\mathrm{m/s^2}$　(2) 4.0N
2 (1) 台車Ａの運動方程式：$Ma=T$，おもりＢの運動方程式：$ma=mg-T$　(2) $2.8\,\mathrm{m/s^2}$　(3) 14N

16　いろいろな力を受ける運動（p.32）

重要事項マスター

1 1 mg　2 動　3 $\mu'N$　4 $\mu'mg$　5 $F-\mu'mg$
2 1 逆（反対）　2 大きく　3 等しく（同じに）
4 等速直線　5 終端

Exercise

1 (1) 98N　(2) 動摩擦力の大きさ：20N，加速度の大きさ：$2.2\,\mathrm{m/s^2}$
2 (1) $9.8\,\mathrm{m/s^2}$　(2) $0\,\mathrm{m/s^2}$　(3) 大きくなる

第２章　エネルギー

17　仕事とエネルギー（p.34）

重要事項マスター

1 (1) 1 仕事　(2) 2 Fx　(3) 3 仕事　(4) 4 0
2 (1) 1 F_xx　(2) 2 0　(3) 3 逆　4 負

Exercise

1 (1) 1.0J　(2) 20J　(3) 2.0J　**2** (1) 10J
(2) −71J　(3) −6.0J

18　仕事の性質と仕事率（p.36）

重要事項マスター

1 (1) 1 道具　(2) 2 力　(3) 3 mg　4 mgh
(4) 5 $\frac{1}{2}mg$　6 mgh　(5) 7 道具　8 力　9 仕事
2 (1) 1 仕事　(2) 2 仕事率　(3) 3 $\frac{W}{t}$　(4) 4 W

Exercise

1 (1) 9.8N　(2) 4.9N　(3) 2.0m　(4) 9.8J　(5) 9.8J
2 (1) 16W　(2) 60J　**3** (1) 16J　(2) 8.0W

19　運動エネルギー（p.38）

重要事項マスター

1 (1) 1 仕事　(2) 2 J　**2** (1) 1 運動エネルギー
(2) 2 J　(3) 3 $\frac{1}{2}mv^2$　(4) 4 大きい　(5) 5 9
(6) 6 2　**3** (1) 1 変化　(2) 2 増加　(3) 3 減少
(4) 4 100

Exercise

1 (1) 10 m/s (2) 5.0×10^4 J (3) 2.3 倍 (4) 1.2 倍
2 (1) 2.0 J (2) 2.0 m/s **3** (1) −36 J (2) 8.0 m/s

20 位置エネルギー (p.40)

重要事項マスター

1 (1) 1 重力 2 仕事 (2) 3 エネルギー 4 重力による位置エネルギー (3) 5 基準面 6 任意
(4) 7 mgh (5) 8 正 9 負 **2** (1) 1 仕事
(2) 2 弾性力 (3) 3 弾性力による位置エネルギー
(4) 4 $\frac{1}{2}kx^2$ (5) 5 $\frac{1}{2}kx^2$

Exercise

1 (1) 1.2×10^2 J (2) 59 J (3) −59 J **2** (1) 9.8 J
(2) 9.8 J **3** (1) 1.6 J (2) 6.4 J (3) 6.4 J

21 力学的エネルギー保存の法則 (p.42)

重要事項マスター

1 (1) 1 力学的エネルギー (2) 2 一定 3 力学的エネルギー保存の法則 (3) 4 重力 (4) 5 弾性力 6 力学的エネルギー (5) 7 重力 8 弾性力(7, 8は順不同)
9 運動 10 位置(9, 10は順不同) 11 一定 (6) 12 重力 13 垂直抗力 14 垂直 15 仕事 **2** (1) 1 力学的エネルギー (2) 2 空気抵抗力 3 減少

Exercise

1 (1) 12 J (2) 7.0 m/s **2** (1) $\left(\frac{1}{2}mv^2 + mgH\right)$〔J〕
(2) $\sqrt{v^2 + 2gH}$〔m/s〕 (3) $\left(H + \frac{v^2}{2g}\right)$〔m〕 **3** (1) 1.0 J
(2) 0.20 m **4** $\frac{mgh}{F}$〔m〕

22 熱と温度 (p.44)

重要事項マスター

1 (1) 1 物質の三態 (2) 2 熱運動 (3) 3 温度
2 (1) 1 0 2 100 (2) 3 −273 4 絶対零度
5 絶対温度 (3) 6 $t + 273$
3 (1) 1 熱(熱量) 2 J(ジュール)
(2) 3 潜熱 4 融解熱 5 蒸発熱

Exercise

1 (1) 303 K (2) 27 ℃ (3) 273 K (4) −273 ℃
(5) 10 K **2** ① 激しい ② 減少 ③ 増加
④ 低下 ⑤ 上昇 **3** (1) ① 0 ℃ ② 100 ℃
(2) 5.0×10^4 J (3) 3.4×10^5 J

23 熱容量と比熱 (p.46)

重要事項マスター

1 (1) 1 熱 2 熱容量 3 J/K (2) 4 $C\varDelta T$
(3) 5 温度
2 (1) 1 質量 2 温度 (2) 3 比熱(比熱容量)
4 J/(g·K) (3) 5 $mc\varDelta T$ (4) 6 mc
3 (1) 1 熱 (2) 2 低温 3 高温

Exercise

1 (1) 20 J/K (2) 6.0×10^2 J **2** (1) 19 J/K
(2) 0.38 J/(g·K) **3** 2.1×10^2 J/K **4** 18 ℃

24 熱と仕事 (p.48)

重要事項マスター

1 (1) 1 熱運動 (2) 2 位置エネルギー
(3) 3 内部エネルギー (4) 4 温度
2 (1) 1 内部エネルギー (2) 2 $Q + W_{in}$
3 熱力学第一法則
3 (1) 1 熱機関 (2) 2 熱効率 (3) 3 不可逆変化

Exercise

1 (1) 70 J (2) 100 J **2** (1) 80 J (2) 0.20
3 (1) 4.0×10^2 J (2) 3.2×10^2 J **4** イ，ウ，エ

第3章 波

25 波の性質 (p.50)

重要事項マスター

1 (1) 1 波(波動) (2) 2 波源 3 媒質 (3) 4 波形
(4) 5 山 6 谷 (5) 7 パルス波 8 連続波
2 (1) 1 波長 (2) 2 変位 3 振幅
(3) 4 周期 5 振動数 (4) 6 $\frac{1}{T}$
(5) 7 1 (6) 8 $\frac{\lambda}{T}$ 9 $f\lambda$

Exercise

1 (1) 波長 (2) 振幅 (3) 周期 (4) 振動数
2 (1) 2.0 m (2) 0.10 m (3) 0.50 Hz (4) 2.0 s

26 横波と縦波 (p.52)

重要事項マスター

1 (1) 1 垂直 (2) 2 平行 (3) 3 疎密波
(4) 4 横波 5 縦波 (5) 6 P 7 S
2 (1) 1 x 2 y (2) 3 正 4 負 (3) 5 C

Exercise

1 (略) **2** (1)(2) (略) (3) a, e, i (4) c, g

27 波の重ねあわせの原理 (p.54)

重要事項マスター

1 (1) 1 独立性 (2) 2 和 3 重ねあわせ
(3) 4 $y_1 + y_2$ (4) 5 合成波 **2** (1) 1 定在波(定常波)
(2) 2 大きく 3 振動 (3) 4 腹 5 節
(4) 6 $\frac{1}{2}$

Exercise

1 (略) **2** (1)(2) (略) (3) 0 m, 2.0 m, 4.0 m, 6.0 m, 8.0 m (4) 1.0 m, 3.0 m, 5.0 m, 7.0 m

28 波の反射 (p.56)

重要事項マスター

1 (1) 1 反射 (2) 2 入射波 3 反射波
(3) 4 入射波 5 反射波(4, 5は順不同)
(4) 6 自由端 (5) 7 自由端 8 大きく
(6) 9 固定端 (7) 10 固定端 11 0
2 (1) 1 定在波 (2) 2 入射波
3 反射波(2, 3は順不同) (3) 4 節 (4) 5 腹

Exercise

1 (略) **2** (1) 0 m, 1.0 m, 2.0 m, 3.0 m, 4.0 m, 5.0 m
(2) 0.50 m, 1.5 m, 2.5 m, 3.5 m, 4.5 m

29 音の伝わり方と重ねあわせ (p.58)

重要事項マスター

1 (1) 1 縦波 (2) 2 気体 3 固体 4 液体(3, 4は順

不同） (3) 5 気温 (4) 6 $331.5 + 0.6t$ **2** (1) 1 振幅 (2) 2 振動数 (3) 3 波形 4 音色 (4) 5 三要素

Exercise

1 (1) ① 高い ② 大きい ③ (イ)
(2) ① 343.5 m/s ② 0.229 m ③ 86 m **2** (1) うなり
(2) $|f_1 - f_2|$ (3) 438 Hz

30 弦の振動 (p.60)

重要事項マスター

1 (1) 1 固有振動 2 固有振動数 (2) 3 共振
(3) 4 共鳴 **2** (1) 1 節 2 定在波 (2) 3 2.0
(3) 4 1.0 (4) 5 $\frac{2l}{n}$ (5) 6 $\frac{nv}{2l}$ (6) 7 固有振動
8 固有振動数 (7) 9 基本 10 倍

Exercise

1 (図は省略) ① 1.6 m ② 0.80 m ③ 0.53 m
④ 0.40 m **2** (1) 425 Hz (2) 850 Hz (3) 2 倍
3 (1) 3.0 m (2) 3.0×10^2 m/s

31 気柱の振動 (p.62)

重要事項マスター

1 (1) 1 定在波 (2) 2 固定端 3 自由端
(3) 4 閉管 5 開管 (4) 6 節 7 腹
(5) 8 開口端補正 **2** (1) 1 $\frac{V}{4l} \times m$ 2 基本 3 3 倍
(2) 4 $\frac{V}{2l} \times n$ 5 基本 6 2 倍

Exercise

1 (図は省略) <開管> 1.0 m, 0.50 m, 0.33 m
<閉管> 2.0 m, 0.67 m, 0.40 m
2 (1) 425 Hz (2) 0.600 m

第4章 電気

32 電流と電子 (p.64)

重要事項マスター

1 (1) 1 静電気 (2) 2 帯電 (3) 3 電荷
4 C(クーロン) (4) 5 プラス(正) 6 マイナス(負)
(5, 6は順不同) (5) 7 反発力 8 引力 **2** (1) 1 電子
2 負(またはマイナス) 3 1.6×10^{-19} 4 電気素量
(2) 5 自由電子 **3** (1) 1 電子 2 電流
(2) 3 正 4 自由電子 (3) 5 電気量の大きさ
(4) 6 $\frac{Q}{t}$

Exercise

1 (1) イ (2) ア **2** 3.6 C **3** 0.23 A **4** (1) 0.48 C
(2) 3.0×10^{18} 個

33 電気抵抗 (p.66)

重要事項マスター

1 (1) 1 電圧 2 V(ボルト) (2) 3 電気抵抗
4 Ω(オーム) (3) 5 1Ω **2** (1) 1 比例 2 V 3 RI
4 オームの法則 (2) 5 原 6 小さい (3) 7 細い
3 (1) 1 合成抵抗 (2) 2 同じ 3 $R_1 + R_2$
(3) 4 同じ 5 $\frac{1}{R_1} + \frac{1}{R_2}$

Exercise

1 (1) 0.40 A (2) 15Ω (3) 10 V **2** (1) 8.0Ω
(2) 12Ω (3) 5.4Ω

34 抵抗率，電力と電力量 (p.68)

重要事項マスター

1 (1) 1 長さ 2 断面積 (2) 3 $\rho\frac{L}{S}$ 4 抵抗率
5 オームメートル (3) 6 温度 **2** (1) 1 ジュール熱
(2) 2 電力 3 P 4 VI (3) 5 仕事率
6 ワット (4) 7 電力量 8 W 9 Pt
(5) 10 ジュール 11 ワット時 12 キロワット時
13 3.6×10^3(または3600) (6) 14 ジュール熱 15 VIt
16 RI^2t 17 $\frac{V^2}{R}t$ (15～17は順不同) 18 ジュールの法則

Exercise

1 (1) 0.16Ω (2) $\frac{1}{9}$ 倍 (3) 9 倍 **2** (1) 0.30 W
(2) 4.0×10^3 J (3) 6.0×10^2 Wh (4) 4.0×10^3 J

35 直流回路 (p.70)

重要事項マスター

1 1 6.0 2 2.0 3 4.0 4 8.0 5 8.0 **2** 1 6.0 2 5.0
3 3.0 4 2.0 5 90

Exercise

1 (1) 2.0Ω (2) 2.0 A (3) 1.9 W **2** 84 s

36 磁場と電流 (p.72)

重要事項マスター

1 1 電磁誘導 2 誘導電流 3 逆
2 (1) 1 交流 2 周波数 3 ヘルツ
(2) 4 ＋(または正) 5 －(または負) 6 直流
(3) 7 50Hz (4) 8 交 (5) 9 乾電池 10 家庭用電源
3 (1) 1 変圧 2 変圧器 3 変化しない
(2) 4 N_1 5 N_2

Exercise

1 ① 発電機 ② 電磁誘導 ③ 誘導電流 ④ 交流
2 0.020 s(または2.0×10^{-2} s) **3** (1) 800 V (2) 1.0 A

第5章 物理と社会

37 エネルギーとその利用 (p.74)

重要事項マスター

1 (1) 1 エネルギーの変換 (2) 2 一定
3 エネルギー保存の法則 (3) 4 モーター
5 LED照明・電灯など (4) 6 火力 7 水力
8 太陽光 **2** (1) 1 電子 2 陽子 3 中性子
(2) 4 原子番号 5 質量数 (3) 6 8 7 8
(4) 8 同位体(アイソトープ) (5) 9 核分裂
10 原子核エネルギー
3 (1) 1 核分裂 2 連鎖反応 (2) 3 臨界
(3) 4 原子炉 **4** (1) 1 放射性崩壊
(2) 2 放射性同位体 (3) 3 α線 4 β線 5 γ線
(3～5は順不同) 6 宇宙線 (4) 7 α線 8 弱く
(5) 9 放射能 (6) 10 半減期
5 (1) 1 外部被ばく (2) 2 内部被ばく
6 (1) 1 放射性廃棄物 (2) 2 廃炉

検印欄

年　　組　　番　名前